AF315812

NOUVELLE

MÉTHODE DE GUERRE

NOUVELLE
MÉTHODE DE GUERRE

BASÉE PARTICULIÈREMENT

SUR LES PERFECTIONNEMENTS DU FUSIL

ET SUR LEURS CONSÉQUENCES NÉCESSAIRES

PAR

BONNEAU DU MARTRAY

PARIS

TYPOGRAPHIE DE CH. LAHURE ET Cⁱᵉ

RUES DE FLEURUS, 9, ET DE L'OUEST, 21

1859

NOUVELLE
MÉTHODE DE GUERRE

BASÉE PARTICULIÈREMENT

SUR LES PERFECTIONNEMENTS DU FUSIL

ET SUR LEURS CONSÉQUENCES NÉCESSAIRES.

CONSIDÉRATIONS PRÉLIMINAIRES.

Ce que c'est qu'une méthode de guerre. — Une méthode de guerre est l'ensemble des moyens de toute nature, mais surtout des moyens tactiques et matériels, employés de préférence par une armée lorsqu'elle livre bataille [1].

Des méthodes de guerre en général. — Les méthodes de guerre varient d'un peuple à l'autre selon le caractère prédominant, l'éducation, l'état politique, le développement industriel, la situation morale propres à chacun, et chez la même nation, au fur et à mesure que se modifient sa civilisation, son régime intérieur, ses ressources, son armement. Elles changent quelquefois brusquement par l'influence d'un général qui, sortant

---

[1]. Ainsi, pour nous, l'expression *méthode de guerre* a un sens limité aux opérations qui peuvent s'exécuter sur un champ de bataille, et nous appellerons *système de guerre* la manière de conduire une campagne.

des voies battues jusqu'à lui, imagine d'heureuses et rationnelles inno-
vations.

L'histoire a enregistré un grand nombre de méthodes de guerre différentes entre elles : nous allons en rappeler sommairement quelques-unes.

La phalange des Grecs; la légion des Romains. — L'art de ranger des
soldats et d'engager méthodiquement un combat est connu des anciens : ne
citons que les Grecs et les Romains. La phalange des premiers remporte
de célèbres victoires; la légion des derniers fait la conquête du monde en
se présentant toujours à l'ennemi dans un ordre invariable [1].

Batailles au commencement des monarchies chrétiennes. — Dans
les commencements de l'ère chrétienne, quand l'empire romain détruit
fait place aux fondements des monarchies actuelles, les batailles ne sont,
le plus souvent, qu'une série de chocs individuels, résultant de la mêlée
de deux masses engagées presque sans principes tactiques. La force phy-
sique et le courage sont alors les éléments principaux du succès.

Invention de la poudre. — L'invention de la poudre donne naissance
à de nouvelles manières de combattre, notamment aux attaques en tirailleurs, dans lesquelles deviennent célèbres les Croates et les Pandours.
Elle éloigne les combattants, étend les champs de bataille, et, ainsi, ne per-
mettant plus à l'œil d'embrasser les détails de l'action, elle force l'esprit
à de plus grandes combinaisons. La science militaire se développe et
emprunte chaque jour davantage aux autres connaissances humaines. Les
généraux ne sont plus des *Charles Martel*, des *Richard Cœur de Lion*, des *saint
Louis* qui n'avaient guère qu'à se ruer les premiers sur l'ennemi et à
frapper d'estoc et de taille ; il faut qu'ils deviennent des *Nassau*, des
Turenne, des *Frédéric*, dont l'épée n'a point à se rougir de sang, mais
qui calculent à l'avance les phases d'une campagne et font naître des
rencontres où leurs troupes se comportent d'après certaines règles spé-
ciales, soit à leur nationalité, soit à celui qui les dirige.

Tirailleurs en grandes bandes de la république française. — La révo-
lution de 1789 éclate, et bientôt la France est en guerre avec tous ses voisins : la plupart des officiers de l'ex-armée royale sont émigrés ou
démissionnaires. Ceux qui les remplacent à la tête des bataillons républi-
cains manquent d'expérience et de théorie : l'intelligence supplée le défaut
de direction : les soldats s'élancent d'instinct en tirailleurs contre les lignes

---

1. Un peuple fait plus sagement de se tenir à un seul ordre de combat, tant qu'il est bien
approprié à son génie et aux armes placées aux mains de ses soldats, que d'en avoir plusieurs
entre lesquels le général peut hésiter et ne pas choisir le meilleur eu égard aux circonstances
dont il est entouré.

régulières qui leur sont opposées, les déciment de loin, et l'ennemi, dérouté par un genre d'attaque hors des règles de la vieille école, est souvent battu et mis en fuite.

Charges en masses de 1790 à 1815. — Napoléon BONAPARTE, dès son début comme général en chef, trouve des soldats accoutumés à vaincre; profitant de leur habitude de la guerre et de leur courage, y ajoutant son génie, il sait les employer tantôt dispersés, tantôt en masses, ébranlant d'abord par le feu, enfonçant ensuite à la baïonnette, et crée une tactique admirable en raison des moyens dont il dispose. Les troupes sont nombreuses et se menacent sur un front étendu, mais, à cause de la faible portée du fusil d'alors, on peut vite s'aborder et se joindre. L'habile capitaine s'acharne sur un seul point, la clef de la position ennemie, et l'enlève par de brillants efforts. Pendant vingt ans, le fait saillant et décisif de ses victoires est une grande charge ordinairement en colonnes.

Méthode de guerre des Anglais en Espagne et à Waterloo. — Ces attaques en colonnes, qui avaient si bien réussi contre les Allemands, les Russes et les peuples du Midi, échouent contre les Anglais, parce que ceux-ci ont une méthode de guerre en rapport avec le flegme qui les caractérise, et parce que leur feu, déjà très-perfectionné, a, relativement, une efficacité terrible. Ils se déploient non pas sur la crête des hauteurs, mais en arrière de cette crête et hors de vue des pentes à gravir pour y arriver; quelques éclaireurs sont chargés d'avertir de l'approche de l'ennemi. Les Français, selon leur habitude, comme au delà du Rhin et des Alpes, marchent, l'arme au bras, précédés de tirailleurs, à l'assaut des positions qu'ils s'agit d'emporter : accueillis d'abord par une décharge qui les désorganise, ils sont aussitôt chargés à la baïonnette, et, le plus souvent, obligés de se retirer définitivement avec de grandes pertes, après deux ou trois tentatives infructueuses. De 1808 à 1814, cette tactique réussit à Wellington qui la pratiqua encore victorieusement à Waterloo.

Motif de succès de la tactique française durant les guerres de Napoléon Ier. — Sous le règne de Napoléon Ier et jusqu'à ces dernières années, on ne s'était point occupé de former d'habiles tireurs ni d'augmenter l'efficacité du fusil, dont la bonne portée était seulement de deux cents mètres. Cette distance est si promptement franchie, même par l'infanterie, que, sous un feu lent et sans précision, le mieux était de faire une marche rapide à l'arme blanche : de là le système prédominant des grandes charges en colonnes ou en bataille sur une ou plusieurs lignes.

Le succès devait appartenir à celui qui avait de son côté l'initiative, l'audace, la résolution, et qui savait y joindre, à l'instant décisif, l'avantage du nombre sur le point attaqué. Des soldats peu exercés au tir, aveuglés par l'épaisse fumée qui s'élève lors des feux réglés, ajustaient nécessairement très-mal leurs coups sur un ennemi s'approchant avec vitesse, et n'étaient pas en état de soutenir son choc, s'ils le recevaient de pied ferme, après avoir inutilement tenté de l'arrêter par leur fusillade.

Nécessité d'adopter une nouvelle méthode de guerre. — L'adresse des carabiniers suisses dans la guerre du Sonderbund, les effets de la balle cylindro-ogivale, en Afrique, aux siéges de Rome, de Bomarsund, de Sébastopol, la longue portée de certains fusils, qui peuvent atteindre un but à sept ou huit cents mètres, la rapidité de tir des armes se chargeant par la culasse, lesquelles sont déjà d'un usage général en Prusse, indiquent la nécessité d'une nouvelle méthode de guerre qui permette, d'une part, de tirer le meilleur parti possible des perfectionnements obtenus en les employant pour soi, et d'autre part d'atténuer leur efficacité, si, comme on doit le supposer, ils sont également utilisés par les ennemis.

Marche à suivre pour créer théoriquement une nouvelle méthode de guerre. — Pour créer une nouvelle méthode de guerre, il convient de discuter les moyens dont on peut faire usage, d'adopter les bons, de rejeter les mauvais et de réaliser les améliorations dont d'autres sont susceptibles.

EXAMEN

DES PRINCIPAUX MOYENS TACTIQUES ET MATÉRIELS SUR LESQUELS
PEUT ÊTRE BASÉE UNE MÉTHODE DE GUERRE.

De l'Infanterie. — L'infanterie étant l'arme la plus facile à recruter, la plus vite instruite, la moins coûteuse à équiper, armer, entretenir; la seule qui puisse faire la guerre partout, dans les plaines, dans les bois, dans les montagnes; il faut chercher de plus en plus à augmenter sa puissance propre et à lui rendre le concours des autres armes de moins en moins nécessaire. On y parviendra en améliorant sa tactique, en simplifiant son équipement et en rendant le fusil encore plus destructeur qu'il ne l'est actuellement.

Du but de la tactique de l'Infanterie. — Le but de la tactique d'une troupe est de mettre cette troupe en état de faire des moyens dont elle dispose le meilleur usage pour accabler l'ennemi, si elle attaque, pour le repousser, si elle se défend. Or les moyens de l'infanterie sont le feu de ses fusils et le choc de ses baïonnettes : le but de sa tactique est donc de donner à l'un et l'autre leur maximum d'efficacité.

Des feux de bataillon, de peloton et de deux rangs. — Dans les feux de peloton et de bataillon, aux termes du règlement français, l'officier qui commande le feu doit se régler non sur le but à frapper, mais sur la troupe voisine de la sienne, de sorte que l'objet à atteindre, s'il est mobile, ce qui arrive souvent, a quelquefois disparu quand les mots *joue*, *feu*, se font entendre. Les chefs de peloton et de bataillon ont, pour les feux, leur place derrière les rangs, de sorte que ceux qui sont à pied ne peuvent apercevoir l'ennemi, lequel, après la première décharge, en raison de l'épaisse fumée qui s'élève, devient invisible même aux officiers à cheval. Les hommes gênés par leurs voisins, plus attentifs à tirer au commandement qu'à bien viser, ne donnent qu'un effet utile insignifiant comparativement à la somme totale de projectiles dépensés, comme l'a constaté l'expérience du passé, car il est admis jusqu'ici qu'à peine une balle sur mille a tué ou seulement blessé d'une manière plus ou moins dangereuse.

Le feu de deux rangs n'a pas des inconvénients moindres que ceux des feux de peloton et de bataillon. S'il laisse, en apparence, leur libre arbitre aux soldats pour ajuster, ceux-ci n'en profitent point, s'animent et ne se préoccupent que de tirer vite ; la fumée devient intense ; bientôt on ne voit plus devant soi ; les détonations produisent un roulement qui couvre tout autre bruit ; la voix du général, les signaux du tambour même ne sont plus entendus, et l'on continue à brûler en pure perte des milliers de précieuses cartouches, alors qu'il faudrait se hâter de remettre l'arme au bras et de prendre des dispositions nouvelles.

Les feux dont il vient d'être question exigent, au préalable, l'ordre en bataille ; mais cet ordre, en raison des accidents du terrain, est généralement incompatible avec la marche sur un front tant soit peu étendu, de sorte qu'il ne peut être que momentané, et continuellement il a besoin d'être précédé et suivi de formations en colonne : de telles évolutions sont fâcheuses par le temps qu'on y perd et par l'état de faiblesse et d'impuissance où l'on est pendant qu'elles s'exécutent. Nous pensons donc que les feux de peloton, de bataillon et de deux rangs, doivent être abandonnés.

Toutefois dans la défensive absolue, si l'on est assez sûr de ses hommes pour attendre l'ennemi de fort près, ou si l'on est garanti par un obstacle qui leur donne confiance, un feu d'ensemble, au commandement du chef, peut être très-avantageux, parce qu'il lance instantanément une grande quantité de projectiles, dont le résultat, à courte distance, est nécessairement terrible. Ainsi une troupe en carré, ou bordant un ravin, repoussera probablement une attaque de cavalerie par une ou deux décharges exécutées de près, par rang alternativement, mieux que de toute autre manière.

Feu des tirailleurs. — Le feu des tirailleurs est plus efficace que les autres, et cela se conçoit, puisque chaque soldat, ayant la liberté de ne tirer qu'au moment opportun, donne tout l'effet utile dont il est susceptible eu égard à son intelligence, à son adresse, à la qualité de son fusil. Ce feu convient essentiellement à l'offensive : car pour se resserrer, s'étendre, aller en avant, à droite, à gauche, en arrière, tirer, recharger, les tirailleurs et les troupes qu'ils couvrent n'ont besoin ni de s'arrêter, ni de modifier leur formation actuelle ; il peut être incessant, quoiqu'en faisant consommer beaucoup moins de cartouches que les feux de deux rangs, de peloton, de bataillon, lesquels exigent d'assez longues interruptions remplies par les ploiements, la marche, les déploiements ou autres évolutions [1].

Du choc de l'Infanterie. — Pour l'action du choc, l'infanterie se forme en colonne ou en bataille, et s'avance présentant la pointe de ses baïonnettes. Le succès dépend du bon ordre qui est conservé dans la ligne ou dans la colonne, et de l'impulsion dont elle est animée ; mais surtout du bon ordre : car la cohésion n'existant pas exactement entre les soldats, et leur vitesse n'étant point grande, on n'obtient de chacun d'eux qu'une

---

1. Pour bien démontrer la supériorité du feu des tirailleurs sur les autres feux, nous allons avoir recours à quelques chiffres, en introduisant dans nos calculs trois éléments d'une haute importance à la guerre, savoir : l'espace linéaire, le temps et l'approvisionnement de cartouches. Supposons un bataillon de 600 hommes ayant à parcourir 1200 mètres, avec dix cartouches par giberne. Si l'on veut marcher résolûment sans s'arrêter, on lancera en avant le bataillon en colonne, précédé de 100 tirailleurs qui seront relevés au commencement du troisième tiers du chemin. Le trajet (à raison de 110 pas de 66 centimètres par minute) durera 17 minutes, pendant les dix dernières desquelles chaque tirailleur brûlera à peu près une cartouche par minute, ce qui fera une consommation totale de 1000 cartouches, dont 100 auront causé du mal à l'ennemi (en admettant qu'un dixième de coups porte juste) Si au contraire on a l'intention de faire un feu de deux rangs avant d'aborder la position, les choses se passeront exactement comme tout à l'heure jusqu'à 300 mètres du point à enlever : 13 minutes se seront écoulées, et, sur 700 coups de fusil tirés par les 100 tirailleurs, 60 environ (moins que précédemment par cent, parce que la distance moyenne est plus grande) auront porté : alors on déploiera la colonne, ce qui prendra 2 minutes ; on exécutera pendant 2 autres minutes un feu de deux rangs qui usera (en comptant 2 cartouches par minute et par homme) 2000 cartouches (il ne reste que 500 hommes dans le rang, les 100 autres étant en tirailleurs), dont l'effet utile sera représenté par 40, au plus : enfin on se reformera en colonne, et on franchira le reste du terrain en employant 5 minutes au moins pour l'une et l'autre opération. Ainsi, avec la seconde manière de conduire l'attaque, on dépensera 6 minutes et 1700 cartouches de plus qu'avec la première, et l'on éprouvera plus de pertes soi-même (puisqu'on restera exposé plus longtemps au feu), tandis que celles de l'ennemi seront sensiblement les mêmes dans les deux cas.

quantité de mouvement assez faible ; par conséquent, les effets individuels, peu redoutables en eux-mêmes, ne donnent un résultat important que par la simultanéité qui les réunit en un tout.

Infanterie chargeant en ordre de bataille. — L'infanterie qui charge en ordre de bataille est dans une situation dangereuse et pleine d'inconvénients. Si elle menace sur un front étendu, elle est menacée de même ; la mince épaisseur de sa formation offre peu de résistance et peu de solidité ; il lui est presque impossible de conserver son alignement au milieu des incidents qui surgissent. Des files tombent par le feu, d'autres sont arrêtées par des obstacles ; des ouvertures se forment ; l'allure se ralentit ; la confusion augmente précisément à mesure qu'on gagne du terrain, c'est-à-dire à mesure qu'approche le moment d'en venir aux mains et qu'il faudrait plus d'ensemble. S'il y a plusieurs lignes les unes derrière les autres, la première repousse-t-elle l'ennemi, elle souffre nécessairement du choc et a besoin de s'arrêter pour se rallier ; la seconde accourt, mais la distance à franchir, le passage de la ligne à exécuter prennent un temps précieux que les troupes battues mettent à profit pour se retirer et faire arriver leurs soutiens, de sorte que le combat est souvent à recommencer. Si, au lieu de faire plier, la première ligne plie, elle entraîne quelquefois la seconde ligne dans son mouvement rétrograde, et il y a déroute complète. Il résulte de ce qui précède que l'ordre en bataille est désavantageux pour le choc, nous avons déjà vu qu'il l'était pour les feux ; il faut donc l'abandonner comme ordre de combat.

Infanterie chargeant en colonnes. — La marche en colonnes parallèles ne présente pas les mêmes défauts que la marche en bataille. Les colonnes n'ont point la solidarité nuisible qui lie les différentes parties d'une ligne ; elles se meuvent aisément sur toutes sortes de terrains ; le retard de l'une, sa défaite ou son désordre, n'expose pas d'une manière désastreuse les flancs de ses voisines, lesquelles ont, dans leur constitution propre, le moyen de faire face immédiatement de tous les côtés ; dans chaque colonne, la tête avance, parce qu'elle est poussée par une masse, et la queue suit, parce que la tête la couvre ; tout en marchant et sans s'écarter sensiblement de la direction à suivre, le guide peut choisir le terrain de manière à éviter les obstacles et les mauvais pas ; si des vides se forment par la mort de quelques hommes, ils se bouchent sans grand flottement à cause de la faible étendue du front ; la première subdivision vient-elle à se heurter contre une troupe opposée, les dernières subdivisions, quel que soit le résultat de la rencontre, sont à même de déboîter sans retard pour tomber sur les flancs de l'ennemi, s'il tient tête, ou pour le poursuivre, s'il a lâché pied ; les intervalles (plutôt larges qu'étroits) entre les colonnes sont garnis de tirailleurs qui font un feu actif en avançant ; à travers ces intervalles, les bataillons de seconde ligne ou de réserve ont la facilité de s'élancer au moment opportun, sans être exposés à rencontrer devant eux des débris qui les paralysent, ou qui les entraînent dans leur mouvement en arrière.

Les avantages que nous venons d'énumérer ne sont pas cependant absolus ; il faut pour qu'ils existent que les colonnes parallèles soient légères, maniables ; que leur profondeur soit médiocre, afin de limiter les ravages du boulet ; que leur largeur n'ait pas trop d'étendue, afin qu'on évite d'être obligé souvent de la diminuer, s'il se présente des passages étroits, puis de l'augmenter lorsque ces passages sont franchis ; il faut enfin que les distances et les intervalles soient calculés de manière à rendre moins graves les effets de la poussière et des projectiles, à établir parfaitement pour chaque fraction la surveillance ainsi que la responsabilité entière et directe de ses chefs, et à permettre que toute subdivision puisse se dégager promptement, soit pour éviter un sort fâcheux, soit pour agir sur les flancs offensivement ou défensivement.

De la Cavalerie, son emploi, ses inconvénients, sa proportion numérique convenable relativement à l'Infanterie. — La cavalerie (eu égard à son organisation et à son armement actuels qui la rendent incapable d'un feu efficace) est essentiellement une troupe de réserve, propre à poursuivre une armée vaincue, à l'empêcher de se reformer, à ramener ses débris prisonniers, ou, inversement, à atténuer les conséquences d'une défaite en contenant ou refoulant le vainqueur, donnant ainsi au corps en retraite le temps de s'éloigner, et se mettant ensuite elle-même hors d'atteinte par la rapidité de ses allures. Si, dans le passé, elle est souvent entrée en ligne pendant le cours d'une bataille, c'est qu'alors elle pouvait avec succès tenter des charges sur l'infanterie, qui tirait mal et seulement de près ; c'est encore qu'on avait de part et d'autre l'habitude de la placer aux avant-gardes et aux ailes, où, se trouvant directement opposée à des corps de même arme, il s'ensuivait, dès le début de l'action, des combats de cavalerie contre cavalerie. Mais désormais la longue portée et la précision du tir du fusil obligeront à une grande circonspection dans les attaques, particulièrement les troupes dont le feu sera le moins redoutable. Donc le rôle de réserve conviendra mieux que jamais à la cavalerie, surtout si elle continue à mettre sa principale confiance dans le sabre, lequel, pour sortir du fourreau, fera bien d'attendre que les cartouches de l'ennemi soient épuisées [1]. D'ailleurs, comme elle est dispendieuse, difficile

---

1. C'est particulièrement la tactique de la cavalerie que les perfectionnements du fusil vont radicalement changer : de même que l'invention de la poudre a modifié les idées des anciens chevaliers sur la manière de combattre, de même les nouveaux projectiles détruiront les principes enracinés, depuis Frédéric le Grand, dans l'esprit des cavaliers modernes. Nous

à nourrir en campagne; comme pour agir il lui faut des terrains choisis, plats, fermes, sans fossés, sans haies, sans arbres, terrains de plus en plus rares en Europe, où, depuis soixante ans, le développement des cultures et l'exubérance de la population ont successivement multiplié les obstacles, on fera sagement de n'avoir qu'une faible proportion numérique de cavalerie, le dixième environ de l'infanterie; et ses pertes ne se réparant pas aisément, on devra la ménager beaucoup.

De la tactique actuelle de la Cavalerie et de ses feux. — Il y a un siècle environ que la cavalerie a adopté pour tactique habituelle de se ruer à toute vitesse sur l'ennemi, le sabre ou la lance au poing : c'était pour elle le meilleur parti à prendre : car le feu de l'infanterie étant peu meurtrier, elle pouvait le braver, et le sien propre étant méprisable, elle n'avait point à y mettre sa confiance. Ses armes à feu ont été en effet jusqu'à présent détestables, et on ne l'a jamais exercée à s'en servir habilement. Cette conséquence fâcheuse d'un mauvais système cessera le jour où on mettra aux mains du cavalier, comme à celles du fantassin, un bon fusil qu'il apprendra à tirer avec précision; ce jour doit venir prochainement, sinon les troupes à cheval seront incapables d'agir isolément, de s'éclairer et de se garder elles-mêmes, enfin d'attaquer les corps, de plus en plus multipliés désormais, dont les projectiles atteindront au loin.

Cavalerie chargeant en ordre de bataille. — L'ordre déployé n'a pas autant d'inconvénients pour la cavalerie que pour l'infanterie : car la lenteur relative de celle-ci dans un même espace à parcourir, la laisse plus longtemps exposée aux pertes par le feu et aux causes de désordre; l'instinct qui porte les chevaux à marcher côte à côte diminue les chances de flottement; la masse et la vitesse de chaque cavalier sur sa monture donnent une quantité de mouvement partielle intrinsèquement assez considérable, de manière que, nonobstant un défaut d'ensemble, des chocs individuels peuvent produire un effet puissant; enfin la facilité de se mettre promptement hors de danger par une retraite rapide et de se rallier ensuite, rend les défaites moins funestes. Cependant les obstacles dont le terrain est généralement parsemé s'opposent à ce que la cavalerie marche longtemps en bataille, et souvent ce serait une grave imprudence de charger sur un front étendu lorsqu'on ne connaît pas bien le sol qu'on va fouler.

sommes persuadés que ceux-ci vont devenir des *fusiliers à cheval*. Ils doivent se réjouir et se glorifier de cette perspective qui ne peut leur offrir que de plus nombreuses occasions d'être utiles, avec un accroissement d'étendue pour leur sphère d'activité.

Cavalerie chargeant en colonnes. — Les avantages inhérents à l'ordre en colonnes parallèles ont lieu pour la cavalerie comme pour l'infanterie : ils ont été détaillés précédemment. Les conditions auxquelles doivent satisfaire les colonnes sont les mêmes pour l'une et l'autre arme.

Charge en fourrageurs. — La charge en fourrageurs est peu pratiquée dans les exercices annuels de la cavalerie. Le règlement n'exige pas qu'elle se fasse avec un ordre parfait; il laisse à chaque cavalier la liberté de se diriger à peu près comme bon lui semble : ce défaut de régularité pourrait avoir quelquefois des suites fâcheuses. Au contraire, une charge en fourrageurs méthodiquement conduite, c'est-à-dire, en maintenant un certain alignement et en observant des intervalles sensiblement égaux, offrirait de loin l'apparence d'une ligne pleine, couvrirait avec un petit nombre d'hommes une étendue de terrain relativement considérable, donnerait une grande facilité pour franchir ou éviter les obstacles, et laisserait à l'action individuelle tout son développement, tandis que, dans l'ordre en bataille ordinaire et botte à botte, un bon soldat placé au second rang se trouve presque paralysé par un mauvais chef de file disposé à ralentir ou à faire demi-tour. Nous pensons donc qu'il convient d'adopter, pour faire usage de l'arme blanche comme du fusil, la disposition sur un seul rang avec les coudées franches à droite et à gauche [1].

De l'Artillerie de campagne. — L'artillerie de campagne a été, dans le passé, une arme dispendieuse, lourde, embarrassante, difficile à reconstituer une fois détruite, et, de plus, elle a aussi souvent gêné les troupes avec lesquelles elle opérait qu'elle leur a été utile; car pour elle, il fallait suivre des directions, chercher des terrains, marcher à des allures [2] défavorables à ces troupes. Mainte fois, les autres armes, au lieu de recevoir d'elle un appui, ont été obligées de se sacrifier pour la sauver; et, par un faux point d'honneur, on a payé de la vie d'un grand nombre de braves la conservation momentanée de quelques masses de bronzes, qu'on était con-

1. La tactique a toujours marché en amincissant la formation des troupes : de trente-deux rangs que présentait cette formation dans l'antiquité, elle a été réduite successivement à vingt-quatre, à seize, à douze, à dix, à huit, à six, à quatre, à trois, et enfin à deux; la seule analogie indique qu'on arrivera à *un seul rang;* mais on est conduit à la même conclusion en considérant que le fusil perfectionné va s'imposer à tous les corps à pied et à cheval ; que ceux-ci, d'une part, pour lui donner toute l'efficacité possible, devront diminuer le frottement entre leurs parties, et que, d'autre part, afin d'atténuer les ravages des projectiles de l'ennemi, ils auront en même temps à restreindre leur profondeur à sa dernière limite.

2. Quelle que soit la vigueur des attelages d'une voiture, aussitôt qu'elle rencontre des terrains boueux et défoncés, des pentes glissantes, des chemins recouverts par la neige, elle n'avance plus qu'avec une lenteur et des peines extraordinaires.

traint d'abandonner un peu plus loin : stérile trophée dont s'enorgueillissait cependant l'ennemi.

Infériorité du canon relativement au fusil, s'il ne s'agit que de mettre des hommes hors de combat — Pour apprécier l'effet utile d'une arme à feu, il faut considérer non-seulement la précision de son tir, mais encore le temps nécessaire pour la charger ainsi que la quantité de soldats et d'accessoires dont elle a besoin pour être servie. Ainsi, une pièce de 12 allégé qui exige en campagne, tant pour elle que pour ses caissons, environ trente conducteurs et servants, plus trente chevaux, tire à peine, au milieu des complications du combat, un coup dans une minute, et, à six cents mètres, n'atteint un but de médiocre grandeur que d'un boulet sur quatre, ou que de cinq balles de mitrailles sur quarante ; par conséquent, en prenant pour unité le mal causé à l'ennemi par une balle, et en admettant que le boulet produit quatre fois autant de mal que la balle, on arrive à ce résultat, que l'effet utile de la bouche à feu dont il s'agit est représenté par 1 pour le tir à boulet, et par 5 pour le tir à mitraille (dans une minute) ; or, pendant le même laps, trente fantassins lanceraient soixante projectiles dont le quart ou quinze toucheraient le but dont nous parlions tout à l'heure ; l'effet utile du fusil serait donc représenté par 15, c'est-à-dire qu'il serait triple de celui du canon chargé à mitraille, et quinze fois plus grand que celui du canon chargé à boulet : l'on aurait, en outre, toutes choses égales d'ailleurs, l'économie de trente chevaux et de quatre voitures. Concluons de là que les bouches à feu ne doivent être employées qu'à briser ou renverser des obstacles, à tirer exceptionnellement à de très-grandes distances[1], à servir de réserve et agir alors en puissantes batteries pour remplir un vide accidentel dans l'ordre de bataille, ou foudroyer un ennemi qui s'avance victorieux après avoir détruit ou renversé les autres troupes.

Remarquons encore que l'artillerie a besoin d'être placée dans des circonstances particulièrement favorables, hors desquelles son efficacité diminue considérablement ou s'annule tout à fait : par exemple, lorsqu'elle ne peut parvenir sans de grands détours sur les points d'où elle découvrirait l'ennemi ; lorsque celui-ci se trouve trop haut ou trop bas par rapport à l'horizon des pièces ; lorsque le sol prête trop au recul ; lorsque des chevaux et des canonniers sont tués. Au contraire, l'homme armé d'un fusil va partout, grimpe sur les hauteurs, traverse les ravins et les ruisseaux, se glisse au milieu des buissons et des taillis, profite des arbres et des rochers

---

1. Rarement le terrain offre une surface assez unie pour que le canon puisse tirer de plus loin qu'un fusil portant efficacement à 700 mètres ; à cette distance, les pentes et les obstacles dérobent souvent à la vue non-seulement un homme mais des corps entiers de troupes ; ou l'inclinaison à donner à l'axe de la bouche à feu, pour produire un résultat utile, n'est pas susceptible d'être obtenue.

pour s'en faire des abris ou des appuis qui lui permettent de mieux viser, donne à sa ligne de mire toutes les inclinaisons du zénith au nadir, utilise enfin ce qui nuirait absolument à l'usage du canon.

Artillerie aisément détruite par des tirailleurs. — Dans les dernières guerres continentales, la portée du fusil étant très-restreinte, l'infanterie ne pouvait lutter contre l'artillerie, quand celle-ci attaquait l'autre à cinq ou six cents mètres : il n'en serait plus de même aujourd'hui. Supposons six bouches à feu essayant de se mettre en batterie; elles occuperont une étendue de terrain assez considérable en largeur, et présenteront dans cette étendue six groupes assez forts en hommes et en chevaux pour qu'il soit facile, avec une adresse médiocre, de faire pleuvoir des balles sur eux. Cinquante tirailleurs, espacés suffisamment de manière à donner peu de prise aux bouches à feu, lanceront, en cinq minutes, cinq cents projectiles, dont cent au moins atteindront les canonniers ou les attelages et désorganiseront la batterie. Si les distances diminuent et si l'affaire se prolonge, la chance devra grandir de plus en plus en faveur des tirailleurs, qui répareront leurs pertes au moyen de leur réserve, tandis que l'intensité du feu des canons décroîtra sensiblement au fur et à mesure que leurs servants seront mis hors de combat. En vain objecterait-on que l'ennemi disséminera des fantassins entre ses pièces pour combattre ceux qui lui seront opposés, il aura toujours un double désavantage, savoir : d'offrir des groupes lorsqu'il n'aura devant lui que des hommes isolés se défilant dans la moindre dépression du sol ou derrière le plus petit obstacle, et d'élever devant ses propres tirailleurs l'épaisse fumée de sa canonnade, qui les empêchera de viser.

La proportion de l'Artillerie de campagne doit être moindre désormais que par le passé. — Les campagnes les plus savantes de notre siècle et du siècle dernier se firent avec peu de bouches à feu, relativement à la force des armées; mais depuis 1809, à mesure que les bonnes troupes se fondaient moissonnées par les batailles, on chercha à les suppléer par l'artillerie, qui augmenta dans une proportion considérable, et en 1813 son importance s'accrut encore quand la cavalerie et l'infanterie ne comptèrent plus que des conscrits. Pendant les premières années employées à la conquête de l'Afrique, on traîna des pièces de campagne à la suite des colonnes expéditionnaires : il en résultait des itinéraires et une lenteur de marche très-préjudiciables à la stratégie qu'il convenait d'adopter contre les Arabes. Au camp de la Tafna, où une division française était bloquée par Abd-el-Kader, on n'osait envoyer une corvée au bois et au fourrage sans que l'escorte ne fût accompagnée de canons. Le maréchal BUGEAUD, alors général de brigade, reçut l'ordre de partir de France pour aller délivrer cette malheureuse division. A son arrivée, malgré les représentations de plusieurs officiers supérieurs qui soutinrent la vieille thèse de *l'appui moral* prêté aux troupes par l'artillerie, il fit embarquer celle qui se trouvait au camp, de peur qu'elle n'entravât ses mouvements ultérieurs; s'avançant ensuite avec confiance contre l'émir, à la tête d'une infanterie naguère timide et découragée, il gagna une victoire complète à la Sickak. Quelques années après, devenu gouverneur général de l'Algérie, il n'emmenait dans ses expéditions que de simples obusiers de montagnes et en nombre insignifiant.

Ce que le maréchal BUGEAUD fit pour la guerre d'Afrique, il faut le faire désormais pour toute guerre, et réduire la proportion d'artillerie de campagne admise jusqu'à présent dans les armées, parce que son efficacité relative est diminuée, et parce que la liberté de se mouvoir aisément dans les terrains les plus accidentés et les plus dépourvus de communications. sera toujours un avantage à rechercher préférablement aux autres. Sans doute, cette espèce d'artillerie est, comme le fusil, susceptible d'immenses perfectionnements : le chargement par la culasse, les rayures de l'âme, l'allongement du projectile, l'allégement de son poids, le moindre nombre de servants et de chevaux, sont des améliorations sur le point de passer dans le domaine de la pratique, et par conséquent viennent à l'appui de notre proposition, puisque avec moins de bouches à feu on obtiendra des résultats supérieurs à ceux de l'ancien matériel. Nous pensons donc qu'une pièce, au plus, par mille hommes d'infanterie et de cavalerie suffira à l'avenir.

MOYENS MATÉRIELS ET TACTIQUES

DE LA NOUVELLE MÉTHODE DE GUERRE.

Du fusil à culasse mobile; ses nombreux avantages. — Le fusil sera certainement désormais l'arme principale, l'arme par excellence, et l'on doit chercher à le rendre de plus en plus parfait, de plus en plus redoutable pour la guerre. On augmentera énormément sa puissance destructive en lui donnant la culasse mobile déjà adoptée en Prusse et probablement à la veille de l'être en Belgique, en Angleterre et aux États-Unis, où l'on s'occupe activement de faire disparaître les quelques inconvénients qu'on reproche encore à ce genre de culasse.

Nous allons énumérer les divers avantages qui résultent de la suppression de la baguette.

1° Le tir est plus rapide, et, par suite, l'effet utile est beaucoup plus considérable, même avec des tireurs moins adroits [1].

2° Le chargement se faisant toujours dans des conditions identiquement les mêmes, les effets du tir sont plus réguliers dans les mêmes circonstances.

3° L'encrassement est presque nul [2], et l'on peut faire feu très-longtemps de suite sans être obligé de laver le canon, tandis que si l'on charge par la bouche, surtout à la balle forcée, il faut laver après vingt coups. Or le lavage est très-compromettant sur un champ de bataille, ou seulement à proximité de l'ennemi, et un désastre a eu lieu en Afrique parce qu'un détachement s'était livré à cette opération devenue cependant indispensable.

4° Avec le fusil à baguette, si celle-ci se perd ou se brise, on ne peut continuer à tirer; c'est une cause de mise hors de service à laquelle n'est point exposé le système à culasse mobile.

5° Les capsules sont fixées aux cartouches; il en résulte une grande simplification pour porter les munitions; et, par le froid et l'obscurité, on n'éprouve plus les difficultés inhérentes à la ténuité de l'objet qu'il s'agit de placer sur la cheminée.

6° Les cartouches sont si solidement faites, que leur détérioration est presque impossible et que leur transport est très-aisé.

7° Si un raté a lieu dans la vivacité du combat, on ne court pas risque de mettre deux cartouches l'une sur l'autre, d'amener ainsi un raté nouveau, peut-être un accident, et d'être enfin obligé de perdre un temps précieux à décharger avec un tire-balle.

8° L'absence de baguette allége le fusil du poids de cet accessoire, qui peut être remplacé par la baïonnette fixée alors à demeure dans le bois et y glissant à coulisse comme fait la lame du vulgaire canif à manche noir [3]; par suite le fourreau de baïonnette, si gênant pour la marche, se trouve supprimé, au bénéfice de l'État, qui n'a plus à le fournir, et à celui de

---

1. Nous avons déjà fait remarquer que l'effet utile s'évalue et d'après la précision du tir et d'après le nombre des projectiles lancés dans un certain laps : par exemple, avec un fusil dont la précision serait représentée par $\frac{25}{100}$ ou par $\frac{1}{4}$, et qui ne peut être tiré que deux fois dans une minute, l'effet utile ne sera égal qu'à $\frac{1}{2}$, tandis qu'avec un autre fusil dont la précision serait représentée seulement par $\frac{1}{8}$, mais qui tirerait huit coups dans une minute, l'effet utile serait égal à 1 : par conséquent, le second fusil serait en fin de compte deux fois plus avantageux à employer que le premier.

2. On comprend facilement que l'encrassement doit être excessivement faible dans le fusil à culasse mobile; puisque l'explosion se produit à l'intérieur d'un tube qui est enlevé après chaque décharge et qui emporte avec lui les résidus formés par la combustion de la poudre : par la même raison, l'échauffement au tonnerre est beaucoup moins rapide que dans les armes se chargeant par la bouche et n'offrant pas au fond d'issue à la chaleur qui s'y développe.

3. Nous avons fait établir un fusil portant ainsi sa baïonnette, il présente, croyons-nous, toutes les conditions désirables de commodité, de simplicité et de solidité.

l'homme, auquel ce fourreau occasionne souvent des imputations pour dé-
gradations difficiles à éviter.

Le fusil à culasse mobile est indispensable à la cavalerie; avec lui elle
sera susceptible d'avoir un feu nourri et assez redoutable; d'agir, par conséquent, sans l'appui immédiat de l'infanterie; d'exécuter à elle seule des
expéditions lointaines où la rapidité de ses allures sera secondée par d'habiles tirailleurs [1].

Approvisionnement de cartouches pour le fusil à culasse mobile. —
Une des plus graves objections qui se soient élevées contre l'adoption du
fusil à culasse mobile est celle de la difficulté de l'approvisionnement de
cartouches en quantité suffisante. Cette difficulté est déjà résolue en Prusse,
où toute l'armée est actuellement munie de fusils à aiguille. Une partie de
la solution est naturellement dans la diminution des bouches à feu de bataille, diminution dont nous croyons avoir démontré l'opportunité, tant à
cause de l'efficacité relativement supérieure de l'infanterie, qu'à cause des
embarras occasionnés en campagne par le grand nombre de voitures.
Donc, beaucoup d'attelages destinés jusqu'à présent à traîner des munitions d'artillerie deviendront disponibles pour transporter des cartouches
de fusil. En traitant, ultérieurement, de l'habillement et de l'équipement
de guerre, nous proposerons d'alléger le sac du soldat des objets qui ne
sont pas d'une nécessité absolue; et nous pensons qu'au lieu de lui faire
porter quarante cartouches, comme par le passé, on pourra lui en donner
cent, d'autant mieux que la culasse mobile permet, sans inconvénient pour
la portée et la justesse du tir, de faire usage d'un calibre légèrement inférieur [2] au calibre actuel, et de réduire par conséquent le poids des
cartouches [3].

Si l'arme à baguette, ne tirant que deux coups par minute, exigeait un
approvisionnement total de cent cartouches, on en conclura que l'arme
tirant huit coups par minute (maximum difficile à atteindre) aura besoin
d'un approvisionnement de quatre cents cartouches, et qu'on tombera,
malgré la diminution de l'artillerie de campagne, dans des impossibilités
de transport, ou qu'on aura un nombre de voitures non moins embarras-

1. Afin de donner plus de précision à leur tir, les tirailleurs de cavalerie peuvent mettre
pied à terre, deux sur trois ou trois sur quatre, les hommes restés à cheval tenant les mon-
tures des autres; ils peuvent aussi descendre tous et marcher ayant la bride passée dans le
bras gauche.

2. On fait des carabines d'un très-petit calibre et dont la balle allongée conserve une grande
force de pénétration jusqu'à douze à quinze cents mètres; mais nous ne conseillons pas les
armes de ce genre parce qu'elles ne sont pas susceptibles du tir à mitraille que nous voulons
proposer plus loin.

3. Le poids d'une cartouche de chasseur à pied est d'environ cinquante grammes; avec un
projectile évidé, il est possible de réduire à quarante grammes le poids de la cartouche du
fusil à culasse mobile, en conservant sensiblement la même portée et la même vitesse.

sant que celui dont nous avons voulu affranchir les armées, en supprimant la moitié de leurs bouches à feu ; car, chaque homme ayant cent cartouches sur lui, les trois cents cartouches restant représenteraient un poids de douze kilogrammes, au minimum, lequel multiplié par 1000 ferait douze mille kilogrammes ou la charge de six voitures ; de sorte qu'une armée de cent mille hommes serait encombrée de six cents voitures de cartouches, tandis qu'elle n'en emmène que cent cinquante dans l'état actuel de l'art militaire ; mais aujourd'hui, avec la facilité des communications par eau et par terre au moyen de la vapeur, et avec les ressources qu'offrent les contrées de l'Europe, on peut, sans imprudence, partir avec la moitié seulement de l'approvisionnement nécessaire pour une campagne, et l'on trouvera certainement à remplacer les consommations, soit en profitant des matières trouvées sur le théâtre même de la guerre, soit en se faisant expédier des munitions tirées des magasins de la base d'opérations. Ainsi, nous ne demandons au départ que deux cents voitures de cartouches, dans l'hypothèse précédente d'une armée de cent mille hommes ; et comme nous supposons encore que l'artillerie est réduite à cent pièces, au lieu de deux cents, chaque pièce devant faire compter au moins cinq voitures, il en résulte que si d'une part nous avons une augmentation de cinquante voitures, d'une autre part nous obtenons une diminution de cinq cents ; par suite, notre système fait disparaître, au grand avantage de la mobilité des colonnes, ainsi que de leur approvisionnement journalier en fourrages, quatre cent cinquante voitures et trois mille chevaux de trait.

Cartouches à mitraille. — En dotant l'infanterie du tir à mitraille, on fera acquérir à cette arme une puissance qui contribuera plus que toute autre chose à amener dans les armées la réduction numérique des corps d'artillerie et de cavalerie, lesquels sont si coûteux à entretenir, si difficiles à faire vivre en campagne, et souvent si embarrassants. La cavalerie particulièrement ne saurait en aucune façon enfoncer un carré pourvu du fusil à culasse mobile, commençant à tirer les balles ordinaires, tant que l'ennemi serait à distance de plus de cent cinquante mètres, et, à partir de cette distance, usant de cartouches à mitraille, d'un modèle que nous avons fait établir, et qui, sous le volume de la balle cylindro-conique, renferment dix projectiles de quatre grammes et demi chacun. Ces projectiles, à la distance indiquée tout à l'heure, ont la force de pénétration nécessaire pour mettre un homme ou un cheval hors de combat [1]. Leur efficacité va en croissant, et atteint son maximum à soixante mètres : alors, ils portent en totalité sur un but représentant en hauteur et en largeur un peloton de cavaliers. On peut en conclure que trente-deux fantassins sur

---

1. Ils percent une planche de sapin de deux centimètres d'épaisseur.

deux rangs, se trouvant opposés à ce peloton, le détruirait infailliblement en une seule décharge à mitraille effectuée de près [1].

L'approvisionnement à mitraille devrait être la dixième partie de l'approvisionnement total : un papier de couleur et une poche spéciale empêcheraient la confusion des munitions.

Cartouches à balles-obus et à balles incendiaires pour le fusil. — Le fusil est susceptible de tirer à obus comme à mitraille : des expériences nombreuses ont été faites à cet égard, principalement avec des balles creuses munies d'une capsule qui détonne par le choc contre un corps résistant. Si ce genre de projectiles paraissait dangereux à transporter, on n'aurait qu'à lui en substituer un autre où l'amorce serait analogue à celle des obus de l'artillerie. Il faudrait employer un métal cassant tel que la fonte, et charger avec de la poudre fulminante, afin de produire des effets plus violents. On obtient avec des tubes de quatre centimètres de hauteur jusqu'à six éclats meurtriers. Les balles-obus, lancées paraboliquement, seraient avantageuses pour atteindre des troupes massées dans un pli de terrain ou dans un ouvrage fortifié. En remplaçant la poudre fulminante par des mèches incendiaires, on mettrait aisément le feu aux villages, en visant les toits des maisons, sous lesquels sont ordinairement des matières sèches, du foin, de la paille, etc. [2].

L'approvisionnement de cartouches à obus et balles incendiaires (moitié des unes et moitié des autres) devrait être égal, comme celui des cartouches à mitraille, au dixième de l'approvisionnement total : ainsi, sur cent cartouches, le soldat n'en aurait que quatre-vingts à balles franches.

Du pistolet. — Un cavalier muni du fusil à culasse mobile, si facilement et si promptement chargé, n'a aucun besoin du pistolet, dont le tir est sans efficacité dans les circonstances d'émotion et de précipitation où il peut s'employer à la guerre. Nous croyons donc qu'il conviendrait de supprimer cette dernière arme : sa place serait beaucoup plus utilement occupée par un poids équivalent de cartouches.

Du sabre. — Nous ne nous occuperons du sabre que relativement à la cavalerie : car moins que jamais, l'infanterie aura à s'en servir, et nous espérons, s'il s'agissait d'entrer en campagne, qu'on l'ôterait aux corps à pied qui le portent en temps de paix. Le fourreau, de quelque manière

---

1. Le peloton supposé de trente-deux cavaliers recevrait, à moins de soixante mètres, trois cent vingt projectiles.

2. Le fusil, ainsi que cela a été expérimenté plusieurs fois, notamment en Angleterre, peut très-bien lancer des fusées incendiaires, lesquelles, de l'aveu des Russes après le siége de Sébastopol, produisent des effets désastreux dans les villes assiégées.

3

qu'il soit attaché à l'homme, le gêne beaucoup : nous pensons donc qu'il faut en débarrasser même le cavalier, qui, d'après notre conviction profonde, mettra désormais souvent pied à terre pour combattre en tirailleur. Nous avons, en conséquence, fait fabriquer et nous proposons une lame droite et légère qui se loge dans le bois du fusil, à l'ancienne place de la baguette, et qui peut s'adapter au bout du canon à la manière des cent-gardes.

De l'habillement et de l'équipement de guerre. — Nous faisons des vœux pour qu'on laisse de côté les ornements, les passementeries et les accessoires frivoles dont on surcharge le costume militaire, qui lui ôtent la mâle sévérité séante à la profession des armes, qui sont incommodes et dispendieux à l'excès, qui brillent sans doute lorsqu'ils sortent des mains de l'ouvrier, mais qui sont tristes à voir lorsqu'ils ont perdu leur fraîcheur. Nous nous permettons encore de dire que, dans une armée nationale, le fantassin a droit d'être aussi élégamment habillé que le cavalier, qu'il n'y a pas de motif pour donner, par exemple, la pelisse au hussard plutôt qu'au chasseur, et que, à part les objets particuliers que nécessite une spécialité de service, l'uniforme devrait être le même pour toutes les troupes.

Quand le colonel était propriétaire de son régiment, quand celui-ci se recrutait dans une province déterminée, la variété des formes et des couleurs pour la tenue pouvait avoir sa raison d'être : aujourd'hui les considérations d'hygiène et d'économie, ainsi que les conditions désirables pour la guerre, sont les seules auxquelles il convient d'avoir égard. Il faut surtout que le soldat ait la plus grande partie de sa force en réserve pour résister aux fatigues et porter des munitions; par conséquent, on doit chercher à alléger le plus possible le poids des effets divers qu'il a sur lui, et à les réduire au nombre ainsi qu'aux dimensions rigoureusement nécessaires. La nomenclature suivante nous paraît renfermer suffisamment ce dont il a réellement besoin en campagne, savoir :

Un casque uni en métal [1], sans cimier, sans plumet, sans crinière, sans ornements qui l'alourdissent et empêchent les balles de glisser sur sa surface.

Un vêtement court (sans plastron voyant et par suite dangereux, tel que la tunique des chasseurs à pied de la garde impériale française), un paletot ou capote juste assez ample pour garantir de la pluie et du froid, se portant à volonté, selon la température, seul ou par-dessus le vêtement court, un pantalon; le tout d'un drap de couleur sombre.

Un caleçon, un col, une cravate, deux chemises, deux mouchoirs, une

---

1. Le fantassin est beaucoup plus exposé que la cavalerie à recevoir des coups de sabre sur la tête; un casque en métal est donc indispensable au premier plutôt qu'au second.

calotte de nuit et de corvée, un gilet de dessous en hiver, une paire de jambières comme celles des zouaves, deux paires de guêtres, deux paires de souliers légers et presque sans clous [1].

Les effets dont le détail précède seraient donnés indifféremment au fantassin et au cavalier : ce dernier aurait en plus une paire de houseaux garnis d'éperons [2].

De l'organisation des troupes en corps tactiques et composés. — L'organisation des troupes en corps tactiques simples et composés doit être subordonnée à la manière de combattre et aux principes d'art militaire les plus convenables à adopter, eu égard à la situation morale et matérielle des parties belligérantes. Aussi elle a varié continuellement, et évidemment l'infanterie, par exemple lorsqu'elle n'avait que la pique entre les mains, qu'elle n'était apte qu'à attaquer ou à résister en masses compactes présentant un grand nombre d'hommes sur une petite surface de terrain, pouvait être subdivisée en moins de fractions distinctes qu'il n'est nécessaire aujourd'hui où la profondeur exagérée de l'ordre en bataille serait tout à fait nuisible au bon emploi du fusil, en même temps qu'elle faciliterait les ravages du canon ennemi.

D'après des vues de favoritisme, de politique ou d'économie, on a voulu tantôt multiplier, tantôt restreindre certains grades, et quelquefois on s'est préoccupé particulièrement des intérêts administratifs. Nous pensons qu'une nouvelle constitution des commandements hiérarchiques est opportune et qu'il faut la baser principalement sur les exigences de la guerre d'après l'état actuel ou prochain des choses.

Définition de l'unité tactique normale. — Nous appellerons *unité tactique normale* une réunion de soldats exécutant, sans solidarité avec ses voisines de même nature, et immédiatement à la voix de son chef, les mouvements ordonnés par celui-ci, lequel commande en dernier ressort, ses subalternes n'ayant rien à prononcer ni à répéter après lui (excepté dans certains cas rares et exceptionnels où les subdivisions agissent, soit diversement, soit successivement, quoique tendant à un même but exprimé par une seule formule) : par conséquent, ce chef peut être tenu d'une responsabilité absolue quant à la conduite de sa troupe.

---

1. A la guerre, l'économie en certaines choses a de graves inconvénients et conduit quelquefois à des dépenses d'une autre nature, plus fortes que celles qu'on voulait éviter : c'est ainsi que pour faire durer les souliers plus longtemps, on les alourdit par un grand nombre de clous : l'homme s'en fatigue plus vite, se blesse aux pieds, reste en arrière, entre à l'ambulance, et l'on a d'une part une non-valeur, d'une autre des médicaments à payer.

2. Sous le rapport de l'économie et de la commodité, les houseaux remplaceraient avantageusement la botte sous le pantalon, et la basane en cuir cousue au pantalon.

Mais on ne saurait, sans injustice, exiger une telle responsabilité d'un officier, si l'on ne lui facilite les moyens d'avoir de l'influence sur ses soldats, en les faisant dépendre de lui dans les relations habituelles; c'est-à-dire en lui confiant le soin multiple de les commander, les instruire, les récompenser, les punir et pourvoir à leurs besoins; en d'autres termes, l'unité tactique normale doit être en même temps l'unité administrative[1].

Force numérique de l'unité tactique normale.—Pour qu'une troupe soit bien administrée et bien menée, il importe qu'elle ne compte pas au delà d'un certain nombre d'hommes; alors le chef peut connaître individuellement tous ses subordonnés, savoir continuellement leur situation morale et matérielle, et, par suite, se mettre toujours en mesure de satisfaire aux exigences du moment. D'un autre côté cependant, si l'on veut que cette troupe fasse vigoureusement son devoir en face du danger, il est nécessaire qu'elle présente un ensemble numériquement capable d'inspirer à chacun des siens la confiance et la résolution. L'effectif moyen d'environ cent cinquante combattants, aussi bien pour l'infanterie que pour la cavalerie et l'artillerie, nous paraît convenir le mieux aux différentes conditions qu'il s'agit de remplir : c'est là en effet la force ordinaire en campagne de la *compagnie*[2] qui, dans la plupart des armées européennes, est considérée comme l'unité tactique normale.

Du nombre d'officiers que doit avoir l'unité tactique normale. — On a généralement admis jusqu'à présent qu'il fallait à peu près un officier pour vingt-cinq à trente soldats. Cette proportion ne saurait être diminuée désormais, si l'ordre en tirailleurs devient habituel, car son extension considérable disperse l'attention du chef sur un plus grand nombre de points et rend la surveillance plus difficile. En conséquence nous pensons que la compagnie doit avoir six officiers[3], savoir : un capitaine-commandant, un capitaine en second, et quatre lieutenants ou sous-lieutenants.

Subdivision de l'unité tactique normale. — De la composition du cadre des officiers découle naturellement le partage de l'unité tactique normale en quatre subdivisions égales (que nous appellerons *pelotons*) placées chacune sous les ordres soit d'un lieutenant, soit d'un sous-lieutenant; le capi-

---

1. Un défaut de l'ordonnance du 4 mars 1831, est que le bataillon représente l'unité tactique, tandis que la compagnie est l'unité administrative.

2. Nous proposons de nouveau ici, comme nous l'avons fait dans notre *théorie* nouvelle, d'adopter le mot *compagnie* pour désigner l'unité tactique normale, tant de l'infanterie que de la cavalerie et de l'artillerie.

3. C'est ce nombre d'officiers que compte l'escadron français de l'ordonnance de 6 décembre 1829 et que comporterait la batterie, si elle était de huit bouches à feu.

taine en second restant à la disposition du capitaine-commandant, lui servant en quelque sorte d'adjudant-major, le remplaçant s'il est absent, et, au cas où la moitié de la compagnie vient à être détachée, marchant avec le détachement pour le commander.

De même que la compagnie est divisée en quatre pelotons, chacun de ceux-ci est partagé en deux et en quatre parties, afin d'attribuer aux sous-officiers et aux caporaux ou brigadiers leurs sections et escouades respectives, pour faciliter ainsi l'action de la discipline et de l'administration; mais tactiquement parlant, il est ordinairement inutile d'avoir égard à ces petites subdivisions, excepté peut-être lorsqu'il faut former momentanément une colonne à front étroit dans des passages rétrécis.

Composition numérique des corps d'un ordre plus élevé que l'unité tactique normale. — Nous venons de limiter à quatre le nombre des fractions principales de l'unité tactique normale, parce que nous sommes persuadé que le capitaine-commandant, *sous sa responsabilité absolue*, n'en saurait surveiller davantage[1]. Pour les corps plus considérables que la compagnie, l'étendue des lignes de bataille et les inégalités du sol les empêchant parfois d'être aperçus dans leur entier d'un seul coup d'œil, les difficultés du commandement s'accroissent encore, et nous pensons que si un chef de bataillon peut avoir sous ses ordres quatre subalternes du grade immédiatement inférieur au sien, un colonel, un général, ne doit en avoir, au maximum, que trois. Ce maximum n'offre pas d'inconvénients dans l'infanterie, mais dans la cavalerie, dont les allures rapides au milieu de la poussière, du brouillard, exposent les parties constituées pour opérer de concert à se séparer subitement et à s'éloigner les unes des autres d'une manière fâcheuse; il conviendra souvent de n'en confier que deux du même ordre à chaque chef d'un rang plus élevé que le capitaine, c'est-à-dire, de ne composer la *division* que de deux *brigades*, la brigade que de deux *régiments*, le régiment que de deux *escadrons*[2], l'escadron que de deux *compagnies*.

Des compagnies d'élite et des corps spéciaux. — Les compagnies d'élite et les corps spéciaux ont l'énorme inconvénient d'énerver la portion de l'armée où leur recrutement s'opère, et de ne pouvoir se trouver partout où leur supériorité produirait des résultats utiles. La portée et la justesse du fusil perfectionné rendront cet inconvénient plus grave encore que par

---

1. Afin d'établir la responsabilité d'une manière rationnelle et équitable, nous posons en principe que la surveillance des hommes d'un peloton appartient à l'officier et aux sous-officiers de ce peloton, et qu'en remontant l'échelle hiérarchique à partir du grade de capitaine-commandant inclusivement, chaque chef n'a à s'occuper que des subalternes du rang immédiatement inférieur au sien.

2. Nous appelons *escadron* la réunion de deux ou trois compagnies de cavalerie ou d'artillerie sous les ordres du seul chef.

le passé; aussi pensons-nous qu'un sage parti à prendre serait de ne plus réunir ensemble les meilleurs sujets et les meilleurs tireurs, mais de les répartir également sous le nom de soldats de première classe entre les différentes compagnies, ainsi que cela se pratique déjà, du reste, dans la cavalerie, le génie, l'artillerie, etc.

Disposition primitive de l'unité tactique normale. — Préalablement à toute opération, à tout mouvement de quelque durée, une troupe doit se réunir et se placer sous les yeux de son chef de telle manière que celui-ci puisse se rendre promptement un compte exact de la situation numérique et matérielle où elle se trouve. La disposition à prendre en pareil cas mérite évidemment d'être appelée *primitive*. Celle qui satisfait le mieux au but que l'on se propose alors, serait l'alignement synoptique des hommes les uns à côté des autres sur une seule ligne; mais la difficulté de trouver des terrains assez vastes pour établir ainsi des corps nombreux force à se contenter de l'ordre sur deux rangs, les officiers devant, les sous-officiers derrière et aux ailes, afin d'encadrer solidement les soldats.

Disposition habituelle de l'unité tactique normale. — En campagne, les formations en divers ordres se rapportent à la marche, au choc et au feu : le choc est la circonstance grave et finale (on peut le considérer comme un cas particulier de la marche); le feu est une circonstance transitoire qui a pour but de faciliter l'une des deux autres. L'ordre en colonne est le seul praticable, s'il s'agit d'une marche prolongée, et nous avons montré qu'il est le plus avantageux, lorsqu'on veut en venir au choc : l'unité tactique normale doit donc être habituellement disposée dans cet ordre.

Largeur et profondeur habituelles de l'unité tactique normale en colonne. — Puisque l'ordre en colonne est principalement employé pour la marche, il faut lui donner un front habituel moyen qui permette de passer par la plupart des chemins sans être obligé fréquemment de diminuer puis d'augmenter ce front. Le peloton formé sur deux rangs nous paraît présenter la largeur désirable, d'autant mieux que chaque subdivision de la colonne se trouve ainsi être une des subdivisions tactiques de la compagnie. Quant à la profondeur, afin d'éviter la confusion et les temps d'arrêt aux passages difficiles, afin d'atténuer les effets de la chaleur, de la poussière et des projectiles, il conviendrait de bien isoler les pelotons et de conserver des vides assez grands entre eux; mais, d'un autre côté, afin de faciliter l'action du capitaine sur sa troupe et d'empêcher un allongement fâcheux dans les mauvais pas, ces vides devraient être faibles : nous adopterons, comme satisfaisant aux exigences diverses, une distance égale à la moitié du front, et comptée d'un premier rang au premier rang suivant dans l'infanterie, d'un second rang au premier rang suivant dans la cavalerie, avec la condition, toutefois, que cette distance ne sera jamais inférieure à six pas. Ainsi, habituellement, la colonne sera à demi-distance. On n'emploiera la distance entière que pour marcher dans des terrains très-difficiles, et l'on ne serrera en masse (sans aucune distance entre les subdivisions) que pour s'abriter derrière un obstacle, résister à la cavalerie (comme nous l'expliquerons ultérieurement), ou donner le choc[1].

Ordre de combat du bataillon. — Les diverses compagnies d'un même bataillon étant, en principe, composées d'éléments équivalents, il n'y a pas de motifs pour attribuer à chacune une place déterminée et invariable; nous sommes d'avis qu'il faut laisser au chef de bataillon liberté absolue de leur donner entre elles la position relative qu'il juge convenable. Il importe que le capitaine ait une latitude semblable à l'égard de ses pelotons et que, par exemple, pour une attaque à la baïonnette, il puisse mettre en avant l'officier notoirement supérieur à ses camarades pour l'élan, le courage et l'énergie. Ainsi nous demandons qu'aucune troupe ne soit habituellement à droite plutôt qu'à gauche ou au centre, en tête plutôt qu'en queue. Quant à la forme de l'ordre de combat, elle doit permettre à chaque unité normale d'être assez isolée de ses voisines pour ne point participer forcément à un

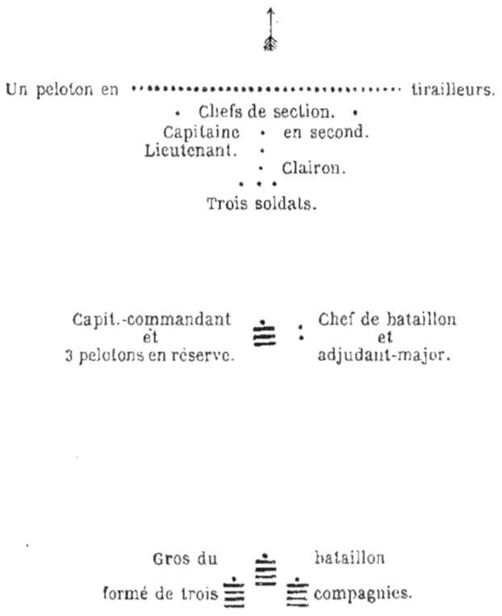

(Fig. 1.)

1. Il est sous-entendu que l'ordre en colonne tel que nous le proposons, c'est-à-dire par pelotons à demi-distance, n'a sa raison d'être qu'à portée de l'ennemi, et que, sur une route,

échec qu'elles viendraient à subir; d'être cependant à portée de les soutenir promptement et de compter sur leur appui; de n'être pas exposée, directement et en même temps qu'elles, aux projectiles ou aux assauts qui les menaceraient plus spécialement. En outre il faut que le bataillon soit disposé de façon à se trouver également prêt pour la marche, pour le feu, pour la charge ou pour résister à la cavalerie, et que son chef puisse aisément faire mouvoir soit l'ensemble de sa troupe, soit les compagnies prises séparément.

La figure 1 montre une forme qui satisfait aux différentes conditions que nous venons d'énumérer et dont, par conséquent, nous proposons l'adoption.

C'est un système échelonné, tant plein que vide, couvert par des tirailleurs : chaque compagnie à son tour est déployée en tirailleurs, et celle qui est relevée vient prendre la place de celle qui la relève[1]. Si le terrain se rétrécit, les colonnes de droite et de gauche se rapprochent et même passent momentanément l'une derrière l'autre, la préséance appartenant à la colonne de droite, lorsque le chef de bataillon n'en décide pas autrement.

En cas d'attaque de la cavalerie, chaque colonne serre en masse, les deux derniers pelotons faisant face en arrière et les deux files extérieures faisant face en dehors.

Les tirailleurs, s'ils en ont le temps, viennent se rallier entre les angles intérieurs des colonnes, ainsi que l'indique la figure 2 ; ou, si le temps leur manque, ils forment de petites masses semblables aux grandes, en avant de ces dernières et représentées par A et B dans la figure 3. Souvent on peut

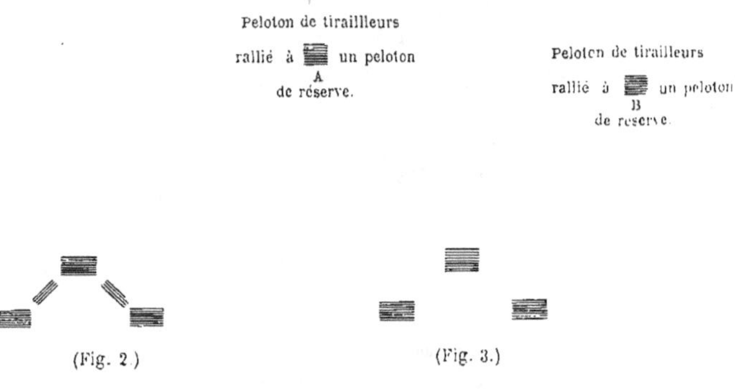

(Fig. 2) (Fig. 3.)

quand aucune occasion de combattre ne peut se présenter, on marche à l'aise et ordinairement sur deux files.

1. Si le bataillon n'avait que trois compagnies, chacune d'elles détacherait un de ses pelotons à tour de rôle en tirailleurs : l'un des trois pelotons détachés servirait de réserve aux deux autres

se dispenser de faire faire face en arrière aux derniers rangs des colonnes, ou face en dehors aux files extrêmes de gauche de la compagnie de droite et aux files extrêmes de droite de la compagnie de gauche.

S'il s'agit d'exécuter une charge à la baïonnette, les trois colonnes conservent les demi-distances, ou serrent en masse, et les tirailleurs, ayant reformé les pelotons, se placent, soit dans les intervalles du gros du bataillon pour les remplir, soit tout à fait en arrière afin de servir de réserve.

Les figures 4 et 5 représentent ces deux cas.

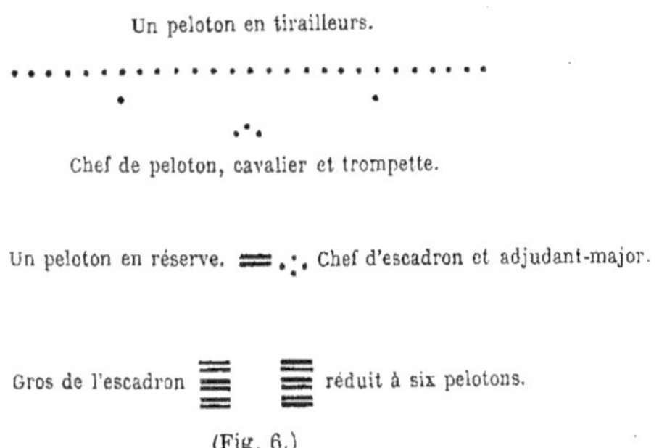

Dans la disposition contre la cavalerie, le chef de bataillon, les tambours et les non-combattants trouvent un refuge assuré au milieu du système des trois compagnies, lesquelles offrent entre elles un vide où il est presque impossible à l'ennemi de pénétrer.

Ordre de combat de l'escadron. — Les tirailleurs de cavalerie ont be-

soin pour se mouvoir commodément d'intervalles plus larges que ceux de l'infanterie ; par conséquent, ils peuvent avec moins de monde garnir plus de terrain. La rapidité de leurs allures leur permet aussi de se passer ordinairement de soutiens immédiats, car il leur est facile, en très-peu de temps, de se mettre hors d'atteinte, s'ils se voient obligés de se retirer. Nous admettrons donc que deux pelotons suffisent généralement pour couvrir un escadron, et qu'on peut se dispenser de leur donner une réserve. Suivant que l'escadron a deux ou trois compagnies, son ordre de combat est représenté par la figure 6 ou par la figure 7.

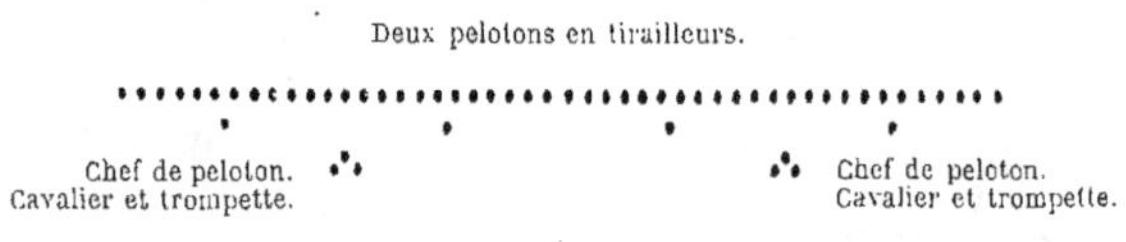

(Fig. 7.)

Pour charger, on renforce plus ou moins les tirailleurs, de manière à diminuer leurs intervalles et à former une ligne à peu près pleine : celle-ci se porte en avant soutenue par les pelotons restés en colonnes, lesquels suivent à la distance convenable.

Ordre de combat du régiment d'infanterie. — S'il est important que la compagnie dans le bataillon soit dégagée de toute solidarité fâcheuse avec ses voisines, qu'elle puisse cependant compter sur leur appui et leur prêter le sien ; qu'elle n'ait point à souffrir des projectiles qui leur sont destinés ; qu'elle ait enfin autour d'elle la facilité de se mouvoir librement ; il est d'une importance plus grande encore que des conditions semblables soient accordées au bataillon dans l'ordre de combat du régiment.

Ces conditions nous conduisent de nouveau à un système échelonné ; mais comme un colonel, en raison de son grade élevé, doit avoir sous la main les éléments nécessaires pour entreprendre et soutenir une attaque dans ses trois phases ordinaires qui sont : un premier effort, un second effort (en cas que le premier ait échoué) et l'apparition d'une réserve afin de profiter du résultat obtenu par le second effort ou de parer à un échec; il faut que le système échelonné soit sur trois lignes, tel que le représentent les figures 8 et 9. Exceptionnellement, si l'on était certain de n'avoir pas besoin d'une réserve, ou, s'il y avait avantage à rendre très-puissant le

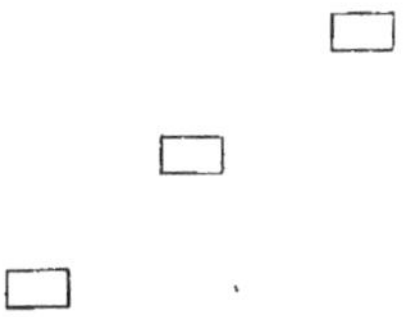

(Fig. 8.) 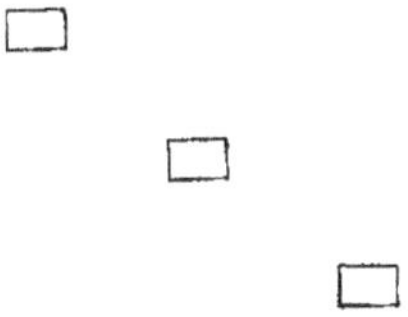   (Fig. 9.)

second effort, on ferait usage du système échelonné sur deux lignes, indiqué par la figure 10, et qui ne diffère de l'ordre de combat du bataillon, que par de plus grands intervalles et de plus grandes distances entre les parties du régiment. Cependant cette dernière disposition résulterait quelquefois accidentellement de la circonstance où, lors des dispositions indiquées par les figures 8 et 9, (Fig. 10.) le bataillon le plus avancé ayant plié, fait demitour et rétrogradé, les deux autres bataillons tiendraient ferme et lutteraient à leur tour contre l'ennemi.

En supposant que le premier échelon rencontre ou oppose une vive résistance, et que les échelons de deuxième et de troisième ligne marchent à son secours, soit pour le dégager, soit pour protéger ses flancs et rejeter en arrière les troupes qui menacent de le déborder, les ordres de combat des figures 8, 9 et 10, pourront se modifier en celui de la figure 11, (Fig. 11.) avec des intervalles plus ou moins grands; mais ce nouvel ordre sera essentiellement transitoire et servira surtout à un ralliement prompt, à la suite duquel on reprendra l'ordre que l'on avait précédemment.

Ordre de combat du régiment de cavalerie. — Si le régiment de cavalerie a trois escadrons, il prendra pour ordre de combat, suivant les circonstances, une des dispositions représentées par les figures 8, 9 et 10. Nous ferons observer, toutefois, que la cavalerie devant être ordinairement servir de réserve, et que n'ayant pas besoin, en raison de son impétuosité, d'autant d'efforts successifs que l'infanterie, la disposition de la figure 10 lui conviendra plutôt que les autres.

Si le régiment n'a que deux escadrons, il sera nécessairement astreint à l'une des formes rendues par les figures 12 et 13, pouvant se transformer passagèrement en l'ordre représenté par la figure 14.

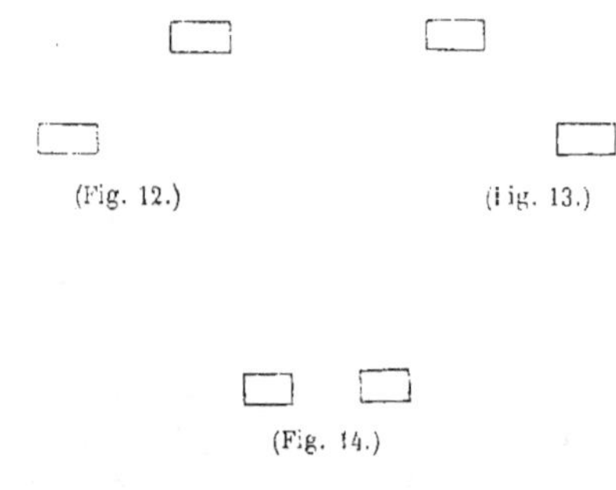

(Fig. 12.)   (Fig. 13.)

(Fig. 14.)

Détermination de l'intervalle et de la distance entre deux échelons voisins. — Les conditions qui nous ont servi à établir l'ordre de combat du régiment sont comme nous l'avons déjà dit : de dégager le terrain autour de chaque échelon de manière à l'isoler des circonstances fâcheuses où ses voisins viendraient à se trouver; de lui assurer cependant leur prompt secours ou d'être en mesure de les appuyer lui-même; enfin de les préserver des projectiles d'écharpe qui ne lui seraient pas directement

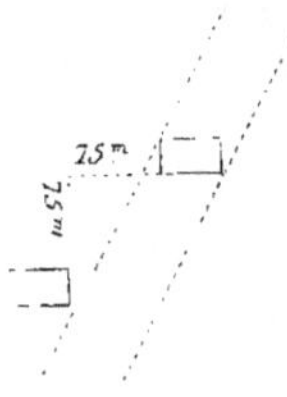

(Fig. 15.)

destinés : or, notre ordre de combat ne satisfait entièrement à ces conditions qu'autant que l'étendue de l'intervalle et de la distance à maintenir entre deux échelons reste comprise dans certaines limites. Pour déterminer ces limites examinons attentivement la figure 15, qui représente deux bataillons échelonnés l'un derrière l'autre, ainsi que les directions d'écharpe auxquelles le premier peut se trouver en prise (nous admettons qu'avec le fusil à longue portée et qu'avec l'artillerie l'inclinaison des feux d'écharpe venant de loin est au plus de vingt-cinq grades sur la perpendiculaire au front des échelons). On voit que si l'intervalle était moindre qu'une fois et demi le front du premier échelon, le second serait atteint obliquement en même temps que lui; et que si la distance (de queue à tête) ne dépassait pas la profondeur du même premier échelon, cette distance serait trop courte pour rendre les mouvements de l'un aussi indépendants de ceux de l'autre qu'on doit le désirer. Ainsi les bataillons ayant cinquante mètres de largeur et trente mètres de profondeur, nous donnerons soixante-quinze mètres à l'intervalle moyen et à la distance (de queue à tête) moyenne[1]. Il résultera de là que la diagonale à parcourir pour qu'un échelon arrive au secours du précédent ne sera que de cent vingt-cinq mètres environ, espace susceptible d'être franchi par l'infanterie en moins d'une minute et demie : donc la troupe qui recevra le choc la première pourra espérer être soutenue à propos, pour peu qu'elle fasse résistance. Les dimensions d'un escadron étant de cinquante à soixante mètres pour la largeur, et de quarante à cinquante pour la profondeur, on remplira encore convenablement les conditions désirables dans l'ordre de combat du régiment de cavalerie en adoptant pour l'intervalle et pour la distance ordinaire[2], entre les escadrons, la longueur de soixante-quinze mètres, qui vient d'être discutée lorsqu'il s'agissait de l'infanterie.

Ordre de combat d'une brigade. — Trois lignes d'infanterie ou deux lignes de cavalerie[3] suffisent généralement pour engager et soutenir un combat; par conséquent, une brigade n'aura pas besoin d'une profondeur plus grande que celle attribuée au régiment, et il ne lui restera qu'à s'étendre en largeur : alors elle sera nécessairement disposée suivant une des formes représentées par les figures 16, 17, 18, 19, 20, s'il y a trois bataillons ou trois escadrons par régiment. S'il n'y a que deux escadrons

---

1. Il est entendu que cette longueur de soixante-quinze mètres est mesurée sur une perpendiculaire à l'alignement des ailes des pelotons pour l'intervalle, et sur une perpendiculaire à l'alignement des fronts des mêmes pelotons pour la distance.

2. Les intervalles et les distances varieront nécessairement selon les circonstances ou les vues du général en chef; par exemple sur un champ de bataille resserré, les intervalles diminueront forcément; et si l'on veut mettre d'abord les échelons de deuxième et de troisième ligne hors d'atteinte, soit lors d'une fausse attaque, soit pour profiter d'un pli de terrain, on augmentera les distances; on les raccourcira au cas où il s'agira de faire suivre le premier effort d'autres efforts très-rapprochés.

3. La rapidité avec laquelle se meuvent et se rallient les troupes à cheval permettra à deux escadrons échelonnés de se relever alternativement en première ligne, de manière à prolonger une attaque ou couvrir une retraite, plus facilement que ne le feraient trois bataillons se remplaçant successivement l'un l'autre.

(Fig. 16.)

(Fig. 17.)

(Fig. 18.)

(Fig. 19.)

Fig. 20.)

par régiment, la brigade de la cavalerie prendra l'une des dispositions indiquées par les figures 21, 22, 23, 24.

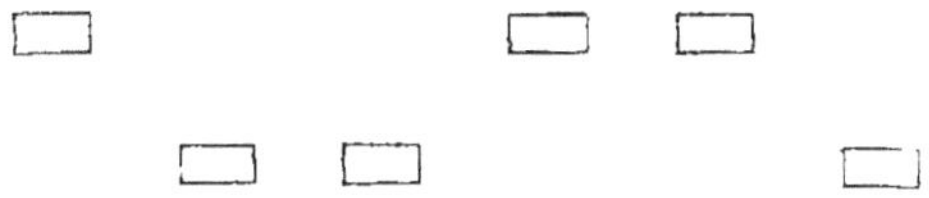

(Fig. 21.)

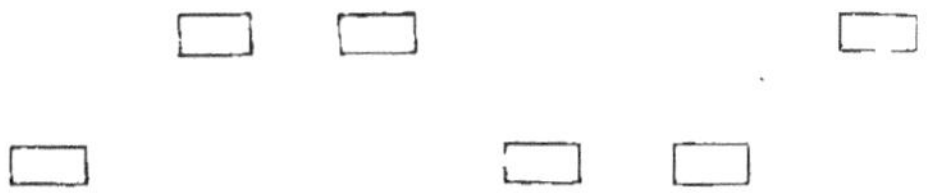

(Fig. 22.)

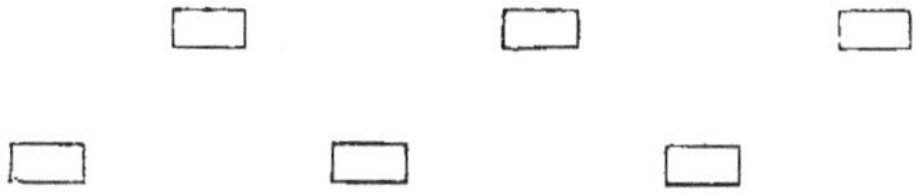

(Fig. 23.)

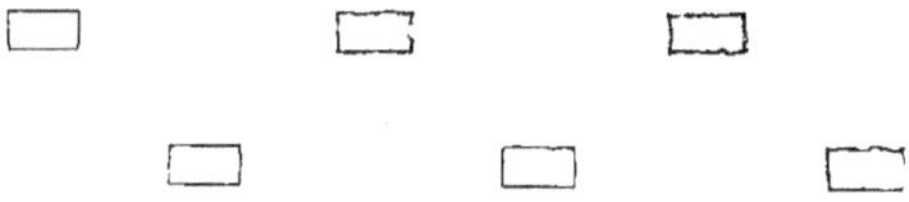

(Fig. 24.)

Quelquefois, lorsque la brigade aura trois régiments[1], au lieu de les
présenter de suite tous à l'ennemi, on en tiendra un en réserve, c'est-à-
dire à peu près complétement à l'abri du feu, assez près cependant pour
pouvoir utilement prendre part à l'action au moment opportun. Ce régiment sera alors en ordre concentré (ordre qui va être décrit bientôt) derrière les deux autres, lesquels seront disposés comme l'indique l'une

1. Nous admettons même des brigades mixtes composées de deux régiments d'infanterie et
d'un régiment de cavalerie.

quelconque des figures 16 et numéros suivants, la figure 18 par exemple.
On voit, figure 25, une brigade formée ainsi qu'il vient d'être expliqué.

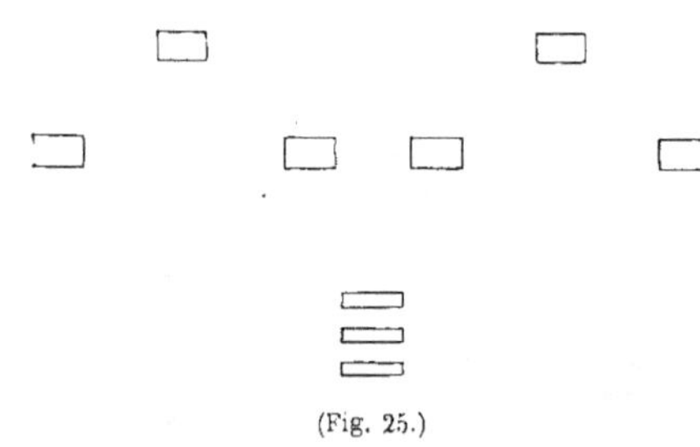

(Fig. 25.)

Ordre de combat d'une division. — Dans l'ordre de combat que nous
proposons pour la division, les brigades sont simplement placées les unes
à côté des autres, suivant l'une des formes adoptées précédemment, en
tant, du moins, qu'elle compte deux ou trois brigades de trois régiments
chacune, ou deux brigades seulement ; mais s'il y a trois brigades à deux
régiments l'une et l'autre, on pourra garder une brigade entière en arrière pour servir de réserve : cette brigade sera en ordre concentré.

(Fig. 26.)

La figure 26 montre une division en ordre de combat[1] avec un régiment en réserve par brigade.

1. Nous faisons remarquer ici que la question de savoir si la division doit être rangée sur
une seule ligne ou sur plusieurs lignes (question sans cesse controversée entre les auteurs
militaires), se trouve résolue par la disposition en échelons, qui jouit des avantages des deux
systèmes sans avoir leurs inconvénients.

La figure 27 montre une division en ordre de combat avec une brigade en réserve.

2ᵉ Brigade.

1ʳᵉ Brigade.

3ᵉ Brigade.

(Fig. 27.)

Ordre concentré pour un corps de plusieurs bataillons ou escadrons. — Nous appellerons ordre concentré une disposition que nous allons décrire et qui sera toujours prise préalablement à l'ordre du combat, afin que chaque colonel et chaque général, ayant ses troupes resserrées dans un petit espace, puisse, d'un coup d'œil, se rendre compte de leur situation matérielle et morale, les haranguer, s'il le juge convenable, et donner des instructions d'ensemble ou de détail aux principaux officiers réunis près de lui. Pour cet ordre, les compagnies, soit du bataillon, soit de l'escadron, chacune en colonne par pelotons avec les distances habituelles, établiront leurs têtes sur le même alignement, sans conserver entre elles aucun intervalle ; les bataillons et escadrons d'un même régiment, formés comme nous venons de le dire, se placeront, les uns derrière les autres, en laissant entre eux des espaces vides de vingt mètres ; les régiments, dans chaque brigade, se rangeront à côté les uns des autres avec des intervalles de trente mètres. Enfin, dans la division, les brigades seront distantes l'une de l'autre de trente mètres, comptés de la queue de la précédente à la tête de la suivante.

La figure 28 montre, en ordre de combat, une division de trois bri-

5

gades, les brigades ayant trois régiments, les régiments comptant trois
bataillons.

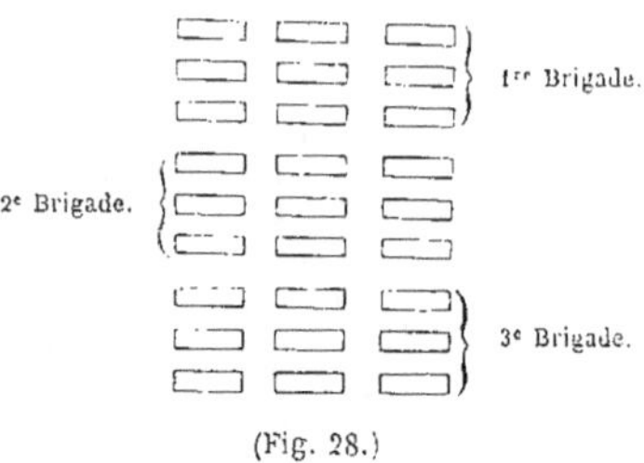

(Fig. 28.)

L'ordre concentré se prend, soit au départ, soit pendant une route pour
un repos, soit lorsqu'on est sur le point de camper ou de bivouaquer. Il
est évident, par l'examen de la figure 28, que cet ordre serait très-dange-
reux à portée des projectiles de l'ennemi; par conséquent le service des
éclaireurs, flanqueurs ou des avant-postes doit être fait de telle sorte qu'on
ait le temps de passer à l'ordre de combat avant de se trouver exposé à
une attaque.

Ordre concentré et ordre de combat pour l'artillerie. — L'artillerie ne
peut combattre qu'en faisant feu de ses pièces disposées les unes à côté
des autres, et plus ou moins espacées; elle présente alors une grande analogie avec une ligne de tirailleurs; nous renvoyons donc aux règles que
nous donnerons pour celle-ci, comme étant applicables à celle-là. Mais si
on la tient d'abord en réserve, ainsi que nous l'avons demandé, un ordre
concentré à peu près pareil à celui de l'escadron de cavalerie, serait le
plus convenable pour qu'elle attendît le moment opportun d'agir. En conséquence, elle devra se placer derrière la ligne de bataille en deux, trois
ou quatre masses (autant, par exemple, que de corps d'armée), fortes chacune de plusieurs colonnes parallèles; ces colonnes auront deux pièces de
front, trois ou quatre subdivisions en profondeur, et garderont entre elles
des intervalles égaux à l'espace qui sépare ordinairement deux bouches à
feu prêtes à tirer.

**Des mouvements tournants et des attaques parallèles, ou principes
pour engager et soutenir un combat.** — On a beaucoup parlé contre les
batailles livrées parallèlement, et l'on recommande toujours les mouvements tournants qui sont cependant plus aisés à imaginer théoriquement
qu'à réaliser dans la pratique; nous allons essayer de réhabiliter les attaques parallèles. D'abord, elles sont nécessaires, afin que, dans le cas d'un

mouvement tournant projeté, on puisse le commencer sous leur rideau, et dérober quelque temps la marche du détachement chargé de l'effectuer. Ce détachement affaiblit déjà les corps dont il faisait partie, et il se trouve lui-même tourné si les troupes restées aux prises avec l'ennemi viennent à être repoussées. Le succès du mouvement tournant dépend du concours très-difficile à obtenir de diverses circonstances heureuses et coïncidentes. Il ne faut ni retard, ni événement imprévu qui renverse les combinaisons. L'attaque parallèle, au contraire, se continuant franchement avec des moyens préparés pour elle, n'ayant point à se préoccuper du résultat d'opérations secondaires et éloignées; débarrassée d'éventualités problé-matiques avec lesquelles elle est astreinte à se coordonner sous le double rapport du temps et de la direction, n'a besoin pour réussir que d'être vigoureusement conduite, puis soutenue et parfois renouvelée au moyen d'une réserve ou d'une troisième ligne. Il ne s'agit que d'un effort en avant; le but est clair pour tout le monde; les intelligences et les courages peuvent y tendre individuellement; on n'a point à ralentir la marche d'une colonne qui arrive trop tôt, ni à s'inquiéter d'une autre qu'on attend, et qui s'est égarée ou fourvoyée dans une embuscade. Remporte-t-on un pre-mier avantage, ou éprouve-t-on une résistance opiniâtre, on a sous la main la totalité de ses forces pour briser celle-ci où assurer celui-là; si l'on gagne du terrain, rien n'empêche, en marchant, de faire converger insensiblement plusieurs échelons sur un point important à enlever, ou de les faire diverger, afin de déborder et d'envelopper les lignes opposées. Donc, généralement, une affaire doit s'engager et se continuer parallèle-ment à l'ennemi, en étendant ou en resserrant, dans certains cas, son front à soi, mais par des mouvements obliques, et en évitant les mouvements tournants.

Des évolutions en général. — Toute évolution est une opération critique lorsqu'elle s'exécute sur un champ de bataille, et le chef le plus habile qui en commande une n'est jamais sûr de la voir réussir, tant elle dépend de subalternes divers dont l'intelligence, le savoir, l'attention peuvent faire défaut, surtout au milieu des préoccupations que cause toujours plus ou moins le danger. Par conséquent une fois qu'on est à portée de l'ennemi, la prudence voudrait qu'on se bornât à des mouvements excessivement simples, en avant, vers les flancs, ou en arrière, et qu'on s'abstînt absolu-ment de ces ruptures, de ces formations, de ces ploiements, de ces déploie-ments, etc., qui abondent dans les règlements et dont on fait un si fréquent usage sur les champ de manœuvres : vains exercices de parade qui n'ont plus le moindre prétexte d'être, si désormais on n'emploie que le feu des tirailleurs et le choc des colonnes.

ÉCOLE DE LA DIVISION.

OU DE TOUT CORPS INDÉPENDANT COMPOSÉ SOIT DE PLUSIEURS BRIGADES.
SOIT DE PLUSIEURS RÉGIMENTS, BATAILLONS, ESCADRONS.

Manière de prendre l'ordre concentré et dispositions préparatoires en cas de combat. — Un corps étant exposé à combattre, le général qui le commande fera sonner et battre l'assemblée : à ce signal, les troupes se formeront en colonnes par pelotons et se porteront : en avant, si l'on est en route; sur l'emplacement convenu pour les rassemblements, si l'on est campé ou bivouaqué. A mesure qu'elles arriveront, elles prendront, suivant les indications communiquées par des officiers d'état-major, l'ordre concentré, lequel, autant que possible, devra être parallèle à la future ligne de bataille considérée dans le sens de l'un de ses flancs à l'autre. Dès que la concentration sera achevée, et préparatoirement aux mouvements ultérieurs, chaque général de brigade recevra les instructions relatives au rôle qu'on attend de lui; il préviendra les colonels de ce qu'ils auront à faire; ceux-ci avertiront les chefs de bataillon ou d'escadron de la direction qu'ils devront suivre pour arriver à l'ordre de combat; enfin, on assignera aux compagnies leur rang respectif, et l'on désignera celles qui fourniront d'abord les tirailleurs.

Manière de prendre l'ordre de combat. — Les dispositions préparatoires étant terminées, lorsque le moment est venu de passer à l'ordre de combat on fait battre et sonner la générale, alors le silence s'établit, et les colonels dont les régiments ne sont pas destinés à rester en réserve commandent :

1° *Ordre de combat sur tel bataillon ou escadron.*

Le bataillon ou l'escadron désigné est celui qui doit être en première ligne; il a reçu préalablement les indications nécessaires à sa direction.

Les régiments de réserve, s'il y en a, ne bougent pas.

Les chefs de bataillon et d'escadron qui ont à se placer en échelons les uns par rapport aux autres et qui ont déjà averti chaque capitaine de la place qu'occuperait sa compagnie, commandent en temps opportun :

1° *Ordre de combat sur telle compagnie.*
2° *Colonnes en avant.*

Aussitôt que les échelons de première ligne sont prêts à se mettre en mouvement, le commandant du corps fait sonner la marche : à ce signal, les colonels dont les régiments sont déjà préparés à s'ébranler, font le commandement *marche;* les chefs de bataillon et d'escadron répètent successivement ce commandement au moment convenable.

Quand le régiment sur lequel on se règle est correctement en ordre de combat, son colonel l'arrête, les autres régiments achèvent ou régularisent la formation prescrite, et sont arrêtés à leur tour.

Mouvements d'ensemble que peut exécuter proche de l'ennemi un corps de plusieurs brigades ou régiments. — Nous avons admis qu'il était dangereux de faire des évolutions, qu'il fallait s'en abstenir, et se borner à des mouvements simples ne modifiant pas ou modifiant très-peu l'ordre général de combat. Les seuls mouvements d'ensemble qu'il soit réellement nécessaire d'exécuter en présence de l'ennemi, dès lors qu'on renonce aux feux de bataillon, de peloton et de deux rangs, aux longues lignes pleines et aux colonnes profondes, sont les suivantes :

1° Marcher en avant;

2° Changer d'allure ;

3° Gagner du terrain directement à droite ou à gauche et reprendre la direction primitive;

4° Gagner du terrain obliquement à droite ou à gauche et reprendre la direction primitive ;

5° Rétrograder et reprendre la direction primitive;

6° Arrêter ;

7° Changer de front en avant[1];

8° Passage des lignes en avant;

9° Passage des lignes en retraite.

Il est une foule de circonstances où la voix humaine, quelque étendue qu'on la suppose, ne peut porter qu'à une assez faible distance; on doit donc renoncer à s'en servir quand on commande une division, une brigade isolée et même un régiment agissant seul. Nous proposons pour la remplacer les signaux ci-après, correspondant numéro pour numéro aux mouvements d'ensemble énumérés précédemment.

1° *En avant. = La marche.*

2° *La nouvelle allure = La marche.*

---

1. Si par malheur on s'était laissé déborder ou tourner, et si les réserves ne suffisaient pas pour parer à cette éventualité, il faudrait on rétrograder d'abord, ou faire face en arrière. et changer de front comme en avant

3° *A droite* ou *à gauche.* = *La marche* = *à gauche* ou *à droite.* = *La marche.*

4° *Un demi-appel* = *à droite* ou *à gauche* = *la marche* et *en avant.*

5° *Demi-tour.* = *La marche.* = *Demi-tour* et *la marche.*

6° *Halte !*

7° *Au drapeau* ou *à l'étendard* = *à droite* ou *à gauche* ou *à droite et à gauche.* = *La marche.*

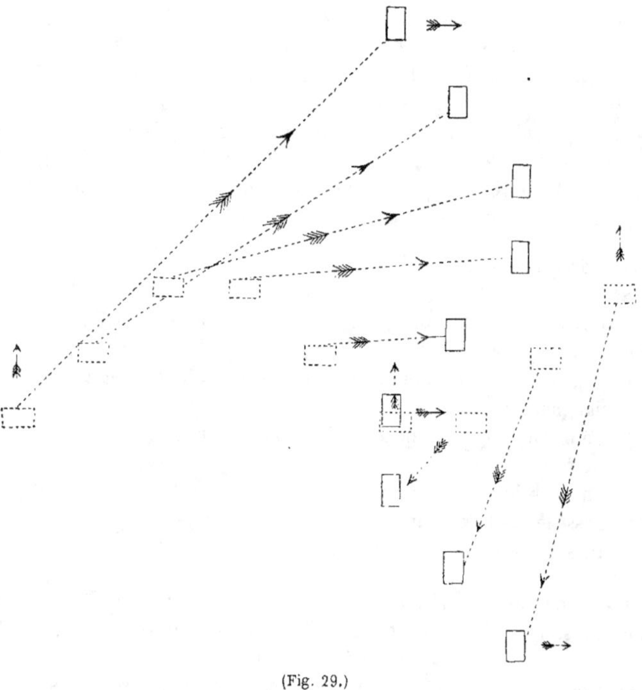

(Fig. 29.)

(Si c'est la sonnerie *à droite* qui se fait entendre, le changement de front a lieu sur l'échelon de droite de première ligne; si c'est la sonnerie *à gauche* qui retentit, le changement de front a lieu sur l'échelon de gauche de première ligne. Enfin les sonneries *à gauche* et *à droite* faites successivement signifient que le changement de front est central. La direction de la nouvelle ligne est visiblement tracée d'avance sur les prolongements du nouvel alignement de l'échelon qui sert de base au mouvement; chacun des autres échelons se porte par le chemin le plus court sur le point qu'il doit occuper. La figure 29 montre un changement de front central opéré pour faire face à droite).

8° *Deux appels consécutifs. — La marche.*

(Les échelons de première ligne ne bougent pas; les autres se portent en avant, et s'arrêtent au delà du précédent lorsqu'ils l'ont dépassé d'une distance égale à celle qui existait entre eux.)

9° *La retraite. — La marche.*

(Les échelons de la dernière ligne ne bougent pas; les autres se portent en arrière, s'arrêtent au delà du suivant, lorsqu'ils l'ont dépassé d'une distance égale à celle qui les séparait, et font face en tête.

On peut faire plusieurs passages de lignes successifs, soit en avant, soit en retraite; chacun d'eux doit être précédé de la sonnerie particulière à laquelle il s'est exécuté la première fois.)

Pour tous les mouvements d'ensemble, le signal du commandant supérieur est répété d'abord par les instruments placés près des généraux subordonnés, puis par ceux qui sont placés près des colonels : aussitôt que le signal du régiment s'est fait entendre, les chefs de bataillon et d'escadron prononcent (toujours de vive voix) le commandement convenable.

Retour de l'ordre de combat à l'ordre concentré. — Pour revenir de l'ordre de combat à l'ordre concentré, le commandant en chef fait porter son fanion au point où il veut opérer la concentration, et suivant que ce point est à droite, à gauche ou au centre, il fait sonner et battre *l'assemblée* suivie de *à droite* ou *à gauche*, ou *à gauche* et *à droite* : Aussitôt tous les échelons se dirigent du côté indiqué et s'y forment en ordre concentré.

Rupture de l'ordre concentré. — Les troupes étant réunies et ayant reçu les instructions particulières qui les concernent, il s'agit de gagner un gîte, camp, bivouac, garnison. Les régiments se mettent en marche, chacun à son rang et sur la direction qui lui est assignée, en rompant d'abord en colonne par pelotons, puis en colonnes à front plus étroit, si la nature du terrain l'exige.

ÉCOLE DE LA BRIGADE.

OU DE TOUT CORPS COMPOSÉ DE PLUSIEURS BRIGADES OU DE PLUSIEURS
RÉGIMENTS.

Observations. — Quand le combat est engagé, il est rare que deux régiments, et à plus forte raison que deux brigades, aient, simultanément et par des mouvements identiques, le même but à atteindre. Tel corps doit appuyer à droite quand son voisin doit appuyer à gauche; il convient d'avancer une aile et de refuser l'autre, etc. Alors l'officier général ou supérieur qu'un cas particulier concerne reçoit les ordres verbaux relatifs à ce qu'on exige de lui et les fait exécuter. Mais afin d'éviter une confusion fâcheuse, la prudence veut qu'il commande de vive voix et que les signaux d'instruments soient réservés exclusivement pour répéter les signaux semblables venus du commandant en chef.

Mouvements particuliers que peut avoir à commander un général de brigade ou un colonel dont la troupe fait partie d'un corps en ordre de combat. — Les seuls mouvements particuliers qu'un général de brigade ou qu'un colonel puisse avoir utilement à faire exécuter, lorsque sa troupe appartient à un corps plus considérable en ordre de combat, sont indiqués par les commandements suivants :

1° *Telle brigade* ou *tel régiment en avant* = MARCHE.

2° *Telle brigade* ou *tel régiment à telle allure* = MARCHE.

3° *Telle brigade* ou *tel régiment à droite* ou *à gauche* = MARCHE.

4° *Telle brigade* ou *tel régiment oblique à droite* ou *à gauche* = MARCHE = *en* = AVANT.

5° *Telle brigade* ou *tel régiment demi-tour à droite* ou *à gauche* = MARCHE.

6° *Telle brigade* ou *tel régiment* = HALTE.

7° *Telle brigade* ou *tel régiment* = *à droite* ou *à gauche à tant de pas ouvrez* ou *serrez les intervalles* = MARCHE.

8° *Telle brigade* ou *tel régiment en avant* ou *en arrière de tant de pas augmentez* ou *diminuez les distances* = MARCHE.

9° *Telle brigade* ou *tel régiment changement de front à droite* ou *à gauche* = MARCHE.

10° *Telle brigade* ou *tel régiment passage des lignes en avant* = MARCHE.

11° *Telle brigade* ou *tel régiment passage des lignes en retraite* = MARCHE.

Les opérations de guerre comme passer un défilé, refuser les ailes d'une ligne de bataille, etc., s'exécutent au moyen de plusieurs des mouvements particuliers qui viennent d'être indiqués.

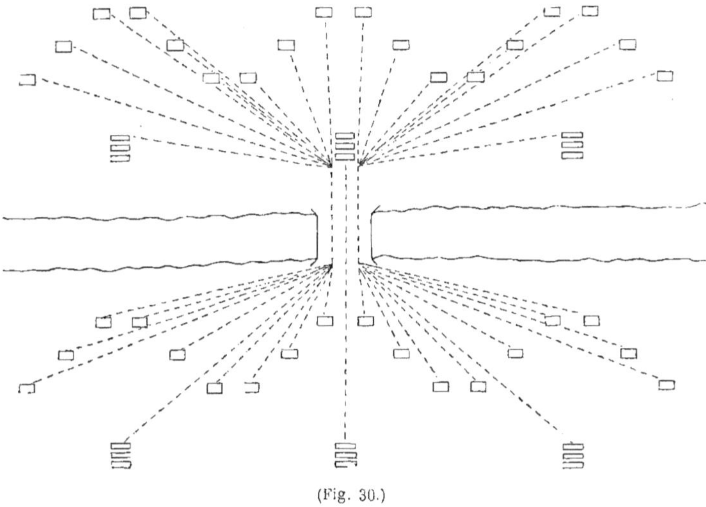

(Fig. 30.)

La figure 30 montre une division de trois brigades ayant passé un défilé en avant. La brigade du centre a été d'abord portée seule en avant : en approchant du défilé, le régiment de droite a reçu ordre de diminuer les intervalles à gauche, et le régiment de gauche a reçu ordre de les diminuer à droite ; puis au delà du défilé ils ont repris l'ordre de combat ; enfin cette brigade du centre s'est arrêtée pour couvrir le défilé. La brigade de droite et la brigade de gauche, simultanément, ont été dirigées obliquement vers le défilé, l'ont passé en formant chacune une colonne, et ensuite, au delà du défilé, elles ont obliqué de nouveau, puis se sont arrêtées à hauteur de la brigade déjà établie.

La même figure 30 montre une division ayant passé un défilé en arrière, d'abord par la brigade de droite et la brigade de gauche simultanément, et en dernier lieu par la brigade du centre.

La figure 31 montre la brigade de droite et celle de gauche ayant passé les lignes en arrière, puis les régiments extérieurs de ces deux brigades ayant répété le même mouvement de telle sorte que les ailes de l'ancien ordre de combat se trouvent fortement refusées, tandis que le centre est demeuré

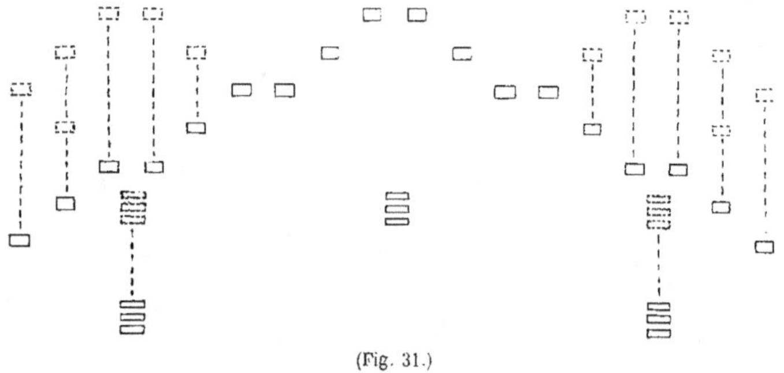

(Fig. 31.)

aussi rapproché de l'ennemi qu'il l'était précédemment. Le nouvel ordre de combat ainsi obtenu ressemble à celui du maréchal Bugeaud, à Isly.

ÉCOLE DU BATAILLON ET DE L'ESCADRON.

Manière de passer de la colonne de route à l'ordre concentré. — Au signal de l'assemblée, chaque compagnie se forme en colonne par pelotons, et se dirige vers le point indiqué pour la concentration. Le chef de bataillon ou d'escadron a soin de se trouver d'avance sur ce point et d'y arrêter la compagnie qui se présente la première; puis, lorsque les autres compagnies arrivent, il commande :

Sur telle compagnie, ordre concentré à gauche ou à droite.

Ensuite il veille à ce qu'elles s'établissent correctement à côté les unes des autres, ainsi qu'il a été expliqué quand nous avons décrit l'ordre concentré.

Toutes les compagnies étant réunies en une seule masse, le chef de bataillon ou d'escadron, se tenant devant le front de la masse, assemble autour de lui les capitaines-commandants et leur donne ses instructions relativement à l'ordre de combat; c'est-à-dire qu'il désigne la compagnie base de cet ordre, indique aux autres compagnies leur rang par rapport à elle, et règle la composition du détachement destiné à fournir d'abord les tirailleurs ; après quoi, dès qu'il le peut, il fait connaître leurs points de direction tant au chef des tirailleurs qu'au capitaine de la compagnie servant de base.

Passer de l'ordre concentré à l'ordre de combat. — Le chef de bataillon ou d'escadron commande :

> 1° *Ordre de combat sur telle compagnie.*
> 2° *Colonnes en avant.*
> 3° Marche.

Au premier commandement, les pelotons de tirailleurs sortent et vont s'établir devant la compagnie désignée ; au 3e commandement, cette compagnie et les tirailleurs se mettent en marche et se dirigent conformément aux indications qu'ils ont reçues. Le chef de bataillon ou d'escadron, secondé par son adjudant-major, surveille le mouvement et commande *halte* quand la compagnie de direction est parvenue à l'endroit convenable : aussitôt toutes les colonnes s'arrêtent.

Alignement. — Le chef de bataillon ou d'escadron commande :

> *A droite* ou *à gauche.* == Alignement [1].

Ce commandement est fait pour la compagnie de direction ; les autres compagnies s'établissent d'après sa position et s'alignent de son côté.

Mouvement que peut exécuter utilement un bataillon ou un escadron en ordre de combat. — Les seuls mouvements utiles que peut exécuter un bataillon, ou un escadron en ordre de combat sont les suivants :

1° Étant arrêté, faire face à droite ou à gauche et rester en place.

2° Marcher en avant.

3° Gagner du terrain directement à droite ou à gauche et reprendre la direction primitive.

4° Gagner du terrain obliquement à droite ou à gauche et reprendre la direction primitive.

5° Rétrograder et reprendre la position primitive.

6° Changer d'allure.

7° Changer de direction en marchant. (La compagnie base du mouve-

---

1. Nous renvoyons à notre *Théorie nouvel e*, 2ᵉ édition, pour les explications relatives à l'exécution des commandements que nous indiquons ici et que nous empruntons à cette théorie.

ment change de direction comme si elle était seule, et chacune des compagnies subordonnées fait ce qui est nécessaire pour conserver sa distance et son intervalle).

8° Arrêter,

9° Changer de direction par le flanc gauche ou droit pour faire face à droite ou à gauche et rester en place. (La compagnie base du mouvement se comporte comme si elle était seule ; chacune des autres compagnies fait ce qui est nécessaire pour conserver sa distance et son intervalle.)

10° Serrer en masse dans chaque compagnie sur la subdivision tête de colonne,

11° Reprendre les distances après avoir serré en masse.

Nous allons rappeler (d'après notre *Théorie nouvelle*, 2ᵉ édition) les commandements auxquels s'exécuteraient les mouvements précédents.

1° *Soldats* ou *sections* pour la cavalerie *à droite* ou *à gauche*. = (à) DROITE ou (à) GAUCHE.

2° *Colonnes en avant*. = MARCHE.

3° *Soldats* ou *sections* pour la cavalerie *à droite* ou *à gauche*. = MARCHE. = *Soldats* ou *sections* pour la cavalerie *à gauche* ou *à droite*. = MARCHE.

4° *Oblique à droite* ou *à gauche*. = MARCHE. = *en* = AVANT.

5° *Soldats* ou *sections* pour la cavalerie *demi-tour à gauche* ou *à droite*. = MARCHE. = *Soldats* ou *sections* pour la cavalerie *demi-tour à droite* ou *à gauche*. = MARCHE.

6° *A telle allure*. = MARCHE.

7° *Tête de colonne, demi-tour à droite* ou *à gauche*. = MARCHE. (Ces commandements ne sont faits que pour la compagnie de direction.)

8° *Colonnes*. = HALTE ou simplement : HALTE.

9° *Changement de direction par le flanc gauche ou droit*. = MARCHE. (Ces commandements ne sont faits que pour la compagnie de direction.)

10° *En masse serrez chaque colonne*. = MARCHE.

11° *Sur le dernier peloton ou par la tête de chaque colonne prenez les distances*. = MARCHE.

Disposition contre la cavalerie. — Le chef de bataillon commande :

Disposition contre la cavalerie. = *En masse serrez chaque colonne*. = MARCHE. = *Face en dehors* ou *face partout*.

Si le chef de bataillon commande : *Face en dehors*, les deux derniers pelotons de chaque colonne ne font pas demi-tour et les deux files de gauche de la compagnie de droite, comme les files de droite de la compagnie de gauche restent face en tête; mais si le chef de bataillon commande : *Face partout,* les diverses masses s'arrangent pour présenter quatre rangs de feux en tête et en queue et deux rangs de feux sur leurs flancs.

Retour de la disposition contre la cavalerie à l'ordre de combat. — Le chef de bataillon commande d'abord :

Face en tête.

A ce commandement tous les hommes qui sont face au flanc ou face en arrière reviennent face en tête; ensuite il commande :

Sur le dernier peloton ou *par la tête de chaque colonne prenez les distances.* = MARCHE.

La charge. — La charge n'est pas autre chose qu'une marche en avant à une allure rapide : elle peut se faire en colonnes ouvertes ou en colonnes serrées, comme nous l'avons déjà dit : le chef de bataillon ou d'escadron en prévient sa troupe par l'avertissement : *pour charger.*

Retour de l'ordre de combat à l'ordre concentré. — Le chef de bataillon ou d'escadron ayant entendu les signaux convenus pour prendre l'ordre concentré, fait rallier ses tirailleurs, dirige sa troupe du côté où doit s'opérer la concentration, l'arrête sur le point convenable et commande :

Sur telle compagnie, ordre concentré à droite ou *à gauche,* ou *à droite et à gauche.*

Il veille ensuite à ce que chaque compagnie se place au rang qui lui est indiqué et s'aligne sur celle qui sert de base.

Quitter l'ordre concentré pour se mettre en route. — Le chef de bataillon ou d'escadron commande :

Par telle compagnie rompez le bataillon ou *l'escadron.* = MARCHE.

La compagnie désignée se met en marche; les autres la suivent, chacune suivant le rang qui lui est indiqué.

ÉCOLE DES TIRAILLEURS.

BASES.

Distance normale et primitive à laquelle les tirailleurs doivent commencer le feu contre l'ennemi. — Les tirailleurs doivent commencer le feu dès que leurs projectiles peuvent faire du mal à l'ennemi. Si l'on s'aperçoit que son tir est relativement moins bon, on cherchera à se tenir quelque temps à longue portée, car alors il souffrira de grandes pertes sans qu'on en éprouve soi-même de sensibles, et l'on se préparera ainsi un avantage décisif : mais, si l'on reconnaît qu'on a l'infériorité au début, l'éloignement qui sépare encore les combattants permettra d'aviser à la situation et de prendre un parti susceptible de rétablir l'égalité des chances; par exemple, en se portant sur une position plus avantageuse, en appelant des renforts, en refusant le corps engagé afin d'en faire avancer un autre dont on espère mieux, etc., etc.

Nous proposons d'adopter la distance à laquelle la moyenne des coups qui atteignent est de 15 sur 100, comme la plus convenable pour commencer le feu : on peut évaluer cette distance à environ 600 mètres dans l'état actuel du fusil de guerre; elle sera plus longue lorsqu'il s'agira de tirer sur des masses, des groupes ou des lignes pleines; plus courte, quand le but sera une série d'hommes éparpillés.

Distance des tirailleurs au corps qui les fournit. — Un principe qu'il importe d'observer est de mettre, autant que possible, hors d'atteinte tout corps qui n'est pas *activement* engagé au moment actuel, pourvu cependant qu'il reste en mesure de soutenir, de relever à propos, ou de recueillir les fractions, effectivement combattantes, détachées par lui. D'après ce principe, si des tirailleurs sont sur l'offensive et doivent commencer le feu à 600 mètres, il faudra les porter à 300 mètres de la troupe dont ils dépendent; alors, celle-ci n'aura presque rien à craindre des balles destinées à ceux-là qui, néanmoins, pourront être secourus en temps opportun, puisque la distance à parcourir pour les aborder en les attaquant sera double de l'espace à franchir, soit par la masse qui vient les défendre, soit par eux s'ils se retirent derrière elle. Dans un pays accidenté, un bataillon se rapproche sans inconvénients, de ses tirailleurs, quand il rencontre des plis de terrain ou des obstacles suffisants pour l'abriter.

Réserve des tirailleurs. — Lorsque les tirailleurs sont assez éloignés du corps qui les fournit, la prudence exige qu'on les fasse suivre d'assez près par une réserve qui puisse, en cas de nécessité, les renforcer ou les relever promptement. Par exemple, une compagnie ayant été désignée pour agir en tirailleurs, le capitaine ne dispersera d'abord que deux pelotons, et laissera les deux autres en réserve [1].

Distance de la réserve aux tirailleurs. — La distance entre les tirailleurs et la réserve doit être de cent à cent cinquante mètres, de sorte que celle-ci souffre le moins possible du feu de l'ennemi, et qu'elle arrive en peu de temps au secours de ceux-là.

Position de la réserve par rapport à la ligne des tirailleurs. — Si la ligne des tirailleurs n'a pas une très-grande étendue; si, par exemple, elle n'excède pas cent vingt-cinq mètres (front d'un bataillon, demi-intervalles voisins compris), la réserve n'a pas besoin de se diviser, et son emplacement le plus convenable est à peu près derrière le centre de cette ligne [2]; mais si les tirailleurs ont un développement considérable, il est bon de ménager un soutien à l'une et à l'autre de leurs extrémités, et alors de fractionner la réserve en deux parties égales séparées par un intervalle d'environ cent mètres.

Du nombre des tirailleurs, proportionnellement au corps qui les fournit, et de leur écartement entre eux. — Le nombre des tirailleurs proportionnellement au corps qui les fournit, et leur écartement entre eux varient avec les circonstances. S'il s'agit simplement de masquer un mouvement, d'éclairer une marche, de tâter l'ennemi, les tirailleurs peuvent être clair-semés ; mais ils doivent être nombreux et rapprochés les uns des autres si l'on veut faire une attaque sérieuse et décisive. Il convient encore de tenir compte de l'adresse des hommes et du feu auquel ils sont exposés; ainsi, on augmentera les intervalles vis-à-vis d'une artillerie tirant à mitraille à bonne portée. Dans les cas ordinaires, la proportion numérique des tirailleurs (y compris leur réserve s'ils en ont une),

1. Si une troupe est fractionnée en deux parties, l'une en tirailleurs, l'autre en réserve, l'officier du grade le plus élevé dans cette troupe dirige les tirailleurs, et son subalterne immédiat commande la réserve.

2. Il est entendu que la réserve, au lieu de se tenir rigoureusement derrière le centre de la ligne des tirailleurs, occupe de préférence toute autre position plus avantageuse pour le rôle qu'elle a à remplir.

sera le *quart* de l'effectif du corps qui les fournit; elle ne surpassera pas le *tiers*, et ne sera pas au-dessous du *sixième* de cet effectif. Quant aux intervalles, on leur donnera habituellement cinq pas; ils auront dix pas pour limite supérieure, et un pas pour limite inférieure [1].

Relations entre les tirailleurs, leur réserve et le corps qui les détache. — Avec le fusil à longue portée, le feu commençant de loin, un bataillon placé à une assez grande distance derrière ses tirailleurs devra évidemment se subordonner aux résultats qu'ils obtiendront, savoir : les suivre en avant, à droite ou à gauche, s'ils gagnent du terrain dans l'une de ces directions; s'arrêter et les renforcer s'ils éprouvent une résistance momentanée; les relever ou les recueillir s'ils rétrogradent; au besoin rétrograder avec eux. Ainsi, dans l'offensive, contrairement à ce qui se passait dans la tactique des anciennes guerres, l'initiative et le rôle important appartiendront aux tirailleurs. Dans une retraite, au contraire, les tirailleurs ayant à couvrir un corps qui cherche à gagner une position déterminée, ce sera toujours à eux à se conformer à sa marche et à se régler sur lui qui, cependant, ne les perdra pas de vue, et les enverra soutenir s'ils viennent à être trop vivement pressés ou à éprouver de trop grandes pertes.

Le but spécial de la réserve étant de fournir à chaque instant un appui immédiat aux tirailleurs, il faudra qu'elle se dirige de manière à se mettre en mesure de bien remplir ce but.

Place du chef de bataillon ou d'escadron, relativement aux tirailleurs. — Afin que le chef de bataillon ou d'escadron puisse surveiller également les deux parties de sa troupe et faire parvenir facilement ses ordres à l'une ou à l'autre, il se tiendra habituellement au milieu de la distance qui les sépare, se portant partout où sa présence sera le plus nécessaire, plus souvent avec les tirailleurs dans l'offensive et lorsque leur feu devient intense, pour les exciter et les diriger : plus souvent avec les compagnies en colonnes dans les mouvements rétrogrades et de flanc, afin de les maintenir en bon ordre et de surveiller leur marche.

Changements de front pour les tirailleurs. — Jusqu'à présent les changements de front d'une ligne de tirailleurs se sont exécutés en plaçant

1. Par exemple, un bataillon de quatre compagnies en détachera une (son quart) pour fournir les tirailleurs; celle-ci se portera à deux cents mètres en avant et déploiera d'abord un seul de ses pelotons, les hommes prenant cinq pas de l'un à l'autre et couvrant de cette manière le front du bataillon. La nécessité de rendre le feu plus intense se faisant sentir, on ordonnera de diminuer les intervalles et l'on renforcera la ligne des tirailleurs d'un second peloton, puis au besoin d'un troisième et même du dernier resté en réserve.

trois ou quatre hommes dans la nouvelle direction qu'on veut donner à
cette ligne, et en commandant ensuite, sur les hommes ainsi établis, un
alignement qui est pris en courant. Une telle manière de procéder est très-
prompte et par conséquent bonne dans certains cas; mais elle est sujette
à quelques inconvénients, comme d'occasionner du désordre ou une
fuite, si le changement de front a lieu en arrière, par exemple : nous pensons donc que généralement il sera préférable d'employer préalablement
un mouvement en échelons, comme nous le disons ci-après.

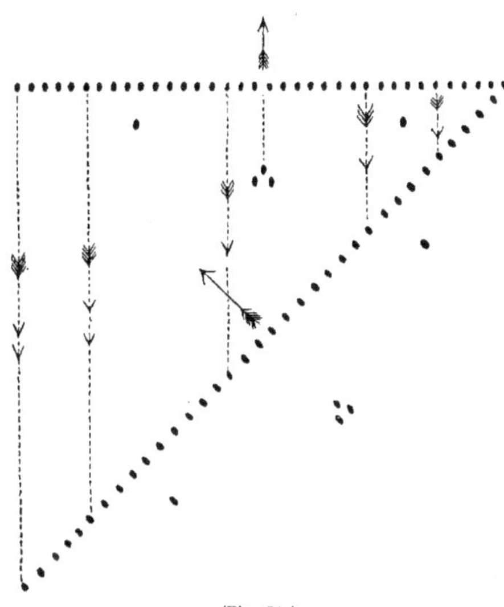

(Fig. 32.)

Tirailleurs échelonnés. — L'ordre en échelons est susceptible d'offrir
aux tirailleurs les mêmes avantages qu'à des corps constitués qui ont à se
soutenir mutuellement; il peut être particulièrement utile pour changer de front d'une manière calme et méthodique, sans attirer l'attention
de l'ennemi; chaque soldat n'ayant à faire qu'un *à droite* ou qu'un *à gauche*
sur place, quand la formation en échelons est achevée, comme le montre
la figure 32; seulement la ligne prend de l'extension.

Retraite en échiquier pour les tirailleurs. — La retraite en échiquier,
par rang alternativement, telle qu'elle est expliquée dans l'ordonnance du

ö décembre 1829 (cavalerie), est excellente pour conserver le bon ordre, mais elle est lente, compassée, et l'on n'a pas toujours le temps nécessaire pour la bien exécuter, lorsqu'il importe de rétrograder rapidement, que l'ennemi a eu un succès marqué, qu'il est très-entreprenant, etc. ; on devra alors laisser constamment les tirailleurs sur une seule ligne ; ils se retourneront en arrière pour tirer et se remettront aussitôt à marcher. La promptitude avec laquelle se charge le fusil à culasse mobile permettra d'entretenir ainsi un feu très-nourri, et plus capable de modérer la poursuite que les décharges d'un petit nombre d'hommes faites tous les cinquante pas, si l'on se conforme à l'ordonnance précitée.

Ralliement des tirailleurs. — Les ralliements des ordonnances en vigueur se font, soit par suite d'un principe, soit par l'effet de l'habitude, presque toujours en arrière et sur la réserve. On conçoit cependant qu'on perd souvent un temps précieux et qu'on fatigue sans utilité les hommes, si, après s'être ralliés, ils doivent revenir vers un point situé en avant du terrain qu'ils occupaient, vers sa droite ou vers sa gauche. En beaucoup de cas, il convient de se rallier sur la ligne même des tirailleurs, par fractions constituées, sections, pelotons, divisions; quelquefois aussi, il importe que le chef des tirailleurs puisse réunir promptement autour de lui tout son monde, y compris sa réserve. Nous proposons donc plusieurs sortes de ralliements, que nous spécifierons ultérieurement par les commandements propres à chacun d'eux.

Des feux. — La lenteur avec laquelle se chargent les fusils à baguette a fait introduire dans les règlements le principe de subordonner l'un à l'autre deux tirailleurs voisins, de façon que chacun ne tire que quand son camarade a bourré. Cette condition est très-désavantageuse en ce qu'elle ralentit la vivacité du feu, détourne de son véritable but une partie de l'attention des hommes, et que ceux-ci, laissant parfois échapper ainsi l'occasion de tuer l'ennemi qu'ils ont devant eux, sont eux-mêmes tués. Les armes à culasse mobile étant rechargées en un clin d'œil, il sera possible de rendre aux tirailleurs la liberté absolue de tirer dès qu'ils jugeront à propos de le faire. On n'aura qu'un certain alignement à exiger d'eux.

Passage de la ligne. — Le passage en avant d'une ligne de tirailleurs par une autre ligne s'exécutera lorsqu'il s'agira de faire relever celle qui est plus rapprochée de l'ennemi par celle qui en est plus éloignée et qui s'est formée, au préalable, parallèlement à la première.

Le passage en arrière aura lieu lors de la retraite en échiquier, l'ancienne ligne des tirailleurs s'étant dédoublée de manière à former deux lignes qui se traverseront alternativement, l'une faisant face à l'ennemi pendant que l'autre rétrograde.

Déployer une troupe en tirailleurs. — Une troupe sur deux rangs se forme de deux manières en tirailleurs, savoir :

1° En gagnant du terrain en avant et sur le côté tout à la fois ;
2° En gagnant du terrain sur le côté seulement.

Pour la première manière, le chef de la troupe à déployer en tirailleurs, ayant reçu les instructions relatives au résultat qu'on attend de lui, porte cette troupe en avant après avoir indiqué le guide (qui est le chef de file de droite, de gauche ou du centre, selon que le guide est commandé à droite, à gauche ou au centre) et l'intervalle à observer entre les files, puis il commande :

Sur la file du centre ou *de gauche* ou *de droite en avant en tirailleurs = à telle allure =* MARCHE.

La file désignée continue de marcher à l'allure précédente et se dirige conformément aux indications qui lui ont été données ; les autres files obliquent à la nouvelle allure, se redressent dès qu'elles ont gagné l'intervalle prescrit, baissent l'allure et se règlent du côté opposé à celui vers lequel elles ont obliqué. Les soldats du second rang passent sur l'alignement de ceux du premier rang, à leur gauche, et diminuent ainsi de moitié les intervalles entre les files, aussitôt que ces intervalles sont entièrement ouverts. La

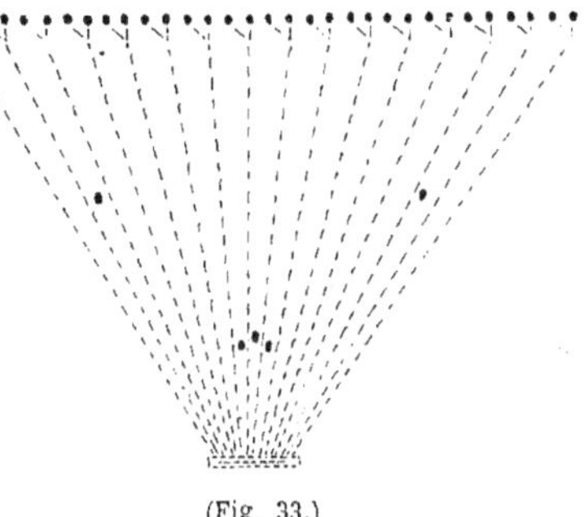

(Fig. 33.)

figure 33 montre un peloton qui était sur deux rangs et qui s'est déployé en avant en tirailleurs.

Pour déployer en tirailleurs en ne gagnant du terrain que sur le côté, la troupe étant arrêtée et l'indication de l'intervalle ayant été faite, le chef commande :

Sur la file du centre ou *de droite* ou *de gauche = par le flanc droit et le flanc gauche* ou *par le flanc gauche* ou *par le flanc droit en tirailleurs = à telle allure =* MARCHE.

La file désignée ne bouge pas ; les autres files se portent du côté énoncé dans le commandement et se remettent face en tête dès qu'elles ont gagné l'intervalle prescrit ; chaque soldat du second rang allant à la gauche de son chef de file, diminue de moitié l'intervalle, aussitôt qu'il se trouve entièrement ouvert. La figure 34 montre un peloton qui était sur deux rangs et qui s'est déployé à droite et à gauche en tirailleurs.

(Fig. 34.)

Le chef des tirailleurs veille à ce que leur déploiement s'exécute correctement dans son ensemble ; ses subalternes le secondent chacun pour sa subdivision. Quand la ligne est entièrement formée, l'officier qui la commande se porte où sa présence est nécessaire, mais habituellement il se tient à trente pas en arrière du centre ; il a près de lui, selon son grade, un ou deux soldats et soit un clairon, soit un trompette : les officiers subordonnés et les sous-officiers se placent chacun à quinze pas derrière le milieu de sa troupe respective. Le sergent-major ou maréchal-des-logis-chef et le fourrier restent l'un avec le capitaine en second, l'autre avec le capitaine commandant. La réserve, s'il y en a une, se conforme aux principes qui ont été précédemment posés lorsqu'il a été question d'elle.

Mouvements utiles que peut exécuter une ligne de tirailleurs en face de l'ennemi. — Les mouvements utiles que peut exécuter une ligne de tirailleurs qui se trouve à portée de l'ennemi sont les suivants :

1° Faire face à droite, à gauche ou en arrière et rester en place ;
2° Faire face obliquement à droite ou à gauche et rester en place ;
3° Marcher en avant, à droite, à gauche, rétrograder ;
4° Obliquer à droite ou à gauche et reprendre la direction primitive ;
5° Changer d'allure ;
6° Arrêter ;
7° A droite ou à gauche ou à droite et à gauche ouvrir ou serrer les intervalles ;
8° Changer de front ;

9° Former les échelons, par tirailleur, en avant ou en retraite, par la droite, la gauche, le centre, la droite et la gauche simultanément;

10° Exécuter la retraite en échiquier;

11° Passer la ligne en avant ou relever une ligne des tirailleurs par une ligne fraîche;

12° Passer le défilé par le centre ou par une aile en avant; par une aile ou par les deux ailes en retraite;

13° Ralliement sur la ligne des tirailleurs par sections, pelotons, divisions; ralliement au chef, ralliement à la réserve (si la réserve est divisée en deux parties, chaque moitié de la ligne des tirailleurs se rallie à la portion de réserve qui lui correspond);

14° Faire feu en avant, en retraite et sur les flancs.

Les mouvements qui viennent d'être énumérés s'exécutent par les commandements ci-après numérotés comme eux : quelques commandements peuvent être remplacés par des signaux lorsque ceux-ci sont de nature à être clairs et précis : l'indication de ces signaux est mise entre parenthèses.

1° *Tirailleurs à droite* ou *à gauche* ou *demi-tour à droite ou à gauche*,
= (à) DROITE ou (à) GAUCHE ;

(Deux reprises consécutives du signal *à droite* ou *à gauche* ou *demi-tour*).

2° *Oblique à droite ou à gauche* = (à) DROITE ou (à) GAUCHE ;

(Un *demi-appel* et deux reprises consécutives du signal *à droite* ou *gauche*).

3° *Tirailleurs en avant, à droite à gauche, demi-tour à droite ou à à gauche* = MARCHE ;

(Les signaux *en avant, à droite, à gauche, demi-tour* et *la marche*).

4° *Oblique à droite ou à gauche* = MARCHE. = *en* = AVANT ;

(Un *demi-appel*. — Le signal *à droite* ou *à gauche* et le signal *en avant*).

5° *A telle allure* = MARCHE

(Le signal indiquant l'allure et *la marche*).

6° *Tirailleurs* = HALTE. (*La halte*);

7° *Tirailleurs à droite ou à gauche ou à droite et à gauche, à tant de pas ouvrez ou serrez les intervalles* = MARCHE ;

(Ces mouvements s'exécutent exclusivement à la voix, car on ne pourrait les traduire assez parfaitement avec des signaux).

8° *A droite* ou *à gauche* ou *à droite et à gauche* = ALIGNEMENT ;

(On place préalablement aux commandements trois ou quatre tirailleurs dans la direction qu'on veut donner à l'alignement. — Pas de signaux pour ce mouvement).

9° *Tirailleurs par la droite* ou *par la gauche* ou *par le centre* ou *par la droite et par la gauche en avant* ou *en retraite en échelons* = MARCHE ;

(Les tirailleurs se mettent en marche successivement, prenant de l'un à l'autre une distance égale à l'intervalle existant entre eux. On peut comme nous l'avons dit, obtenir un changement de front en mettant d'abord les tirailleurs en échelons, puis faisant faire à chacun un à droite ou un à gauche. On n'emploie pas de signaux pour la formation des échelons).

10° *Retraite en échiquier à tant de pas* = MARCHE ;

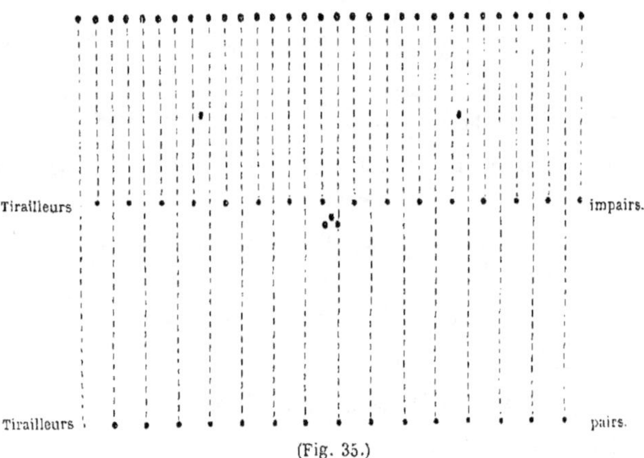

(Fig. 35.)

(Les hommes du premier rang se portent cinq pas en avant et tirent, les hommes du second rang font demi-tour, se portent en arrière du nombre de pas indiqué et reviennent face en tête ; — alors le rang resté face à l'ennemi se retire à son tour, traverse l'autre rang, puis va s'arrêter derrière lui à la distance prescrite dans le commandement ; et ainsi de suite alternativement. Au moment où un rang est traversé par l'autre, il se porte cinq pas en avant et fait feu.

Ce mouvement peut s'exécuter au signal de la retraite, répété autant de fois que doivent faire une ligne face en tête et l'autre demi-tour.

La figure 35 montre une retraite en échiquier).

11° *Passage de la ligne en avant* = MARCHE ;

(La ligne qui doit traverser l'autre a été déployée préalablement en tirailleurs parallèlement à la ligne qu'il faut traverser. Celle-ci, sans commandement, dès qu'elle est dépassée, se rallie par sections comme il sera expliqué ultérieurement, et ensuite se rend à la réserve, ou vers le chef des anciens tirailleurs s'il n'y a pas de réserve. Ce mouvement s'exécute à la voix exclusivement.)

12° *Par le centre* ou *par la droite* ou *par la gauche en avant passez le défilé. Par les deux ailes* ou *par la droite* ou *par la gauche en arrière passez le défilé.* = MARCHE ;

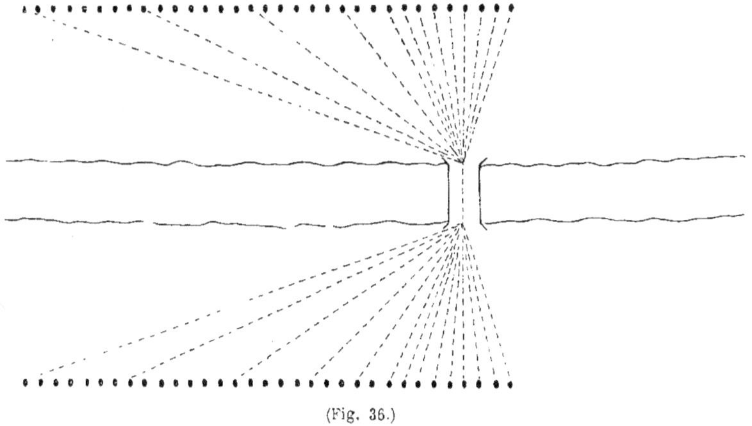

(Fig. 36.)

(La figure 36 montre un passage du défilé en avant par la droite ou en arrière par la gauche ; et la figure 37 montre un passage du défilé, en ar-

rière par les deux ailes. Les passages du défilé s'exécutent exclusivement
à la voix.)

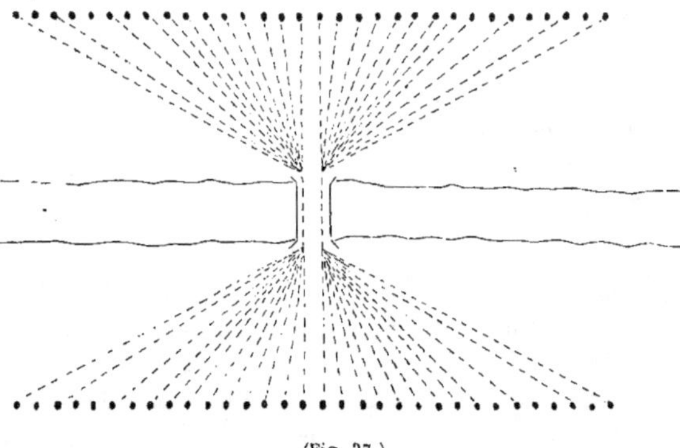

(Fig. 37.)

 13° *Ralliement par sections* ou *pelotons* ou *divisions* = Marche ;
  Ralliement au chef = Marche ;
  Ralliement à la réserve = Marche ;

(Tous ces ralliements se font en courant et sur deux rangs. Le premier
a toujours lieu vers le centre de chaque subdivision ; dans les deux autres
les tirailleurs se placent, en arrivant, derrière le point de ralliement, chef
ou réserve. Ces divers ralliements devront au besoin être indiqués par des
signaux. Après le ralliement par sections , pelotons , etc., on pourra commander encore le ralliement au chef ; alors toutes les subdivisions se rendront près de lui.)

 14° *Commencez le feu ;*
  Cessez le feu.

(Le feu s'exécute de pied ferme , ou en marche , soit que les tirailleurs
se trouvent en ligne, soit qu'ils se trouvent en file ; dans ce dernier cas, ils
font trois pas en dehors de la file du côté de l'ennemi pour ajuster , et
rentrent dans la file dès qu'ils ont tiré. — On aura des signaux pour remplacer les commandements : *Commencez le feu* et *cessez le feu.*

ÉCOLE DES FOURRAGEURS.

Rapport entre l'école des fourrageurs et l'école des tirailleurs. — L'école des fourrageurs spéciale à la cavalerie se déduit de celle des tirailleurs , en substituant seulement le mot *tirailleurs* à celui de *fourrageurs.*

La charge des fourrageurs n'est autre chose qu'une marche rapide en avant. La réserve suit les fourrageurs ; ceux-ci étant ralliés peuvent devenir réserve , et la réserve peut , à son tour , être lancée en fourrageurs, et ainsi de suite alternativement. On passe de l'ordre en tirailleurs à l'ordre en fourrageurs au commandement : *en fourrageurs ;* c'est un avertissement auquel on quitte simplement le fusil pour prendre le sabre, et les chefs se portent devant la ligne. — Si étant en fourrageurs , le commandement : *en tirailleurs* se fait entendre, on quitte le sabre pour prendre le fusil, et les chefs passent derrière la ligne.

ÉCOLE DE LA COMPAGNIE

OU DE TOUTE TROUPE PLUS PETITE FORMÉE EN BATAILLE SUR DEUX RANGS.

Mouvement que peut utilement exécuter une compagnie ou troupe plus petite formée en bataille sur deux rangs. — Les mouvements utiles que peut avoir à exécuter à la guerre une compagnie ou troupe plus petite formée en bataille sur deux rangs sont les suivants :

1° S'aligner à droite ou à gauche ;

2° Converser à pivot fixe et rester en place après la conversion ;

3° Faire face à droite ou à gauche ou en arrière et rester en place ;

4° Marcher directement en avant ;

5° Gagner du terrain à droite, à gauche, en arrière, et reprendre la direction primitive ;

6° Obliquer à droite, à gauche, et reprendre la direction primitive ;

7° Changer de direction tout en marchant en bataille (conversion à pivot mouvant) ;

8° Changer d'allure ;

9° Arrêter ;

10° Rompre en colonne et rester en place après la rupture ;
11° Rompre en colonne et marcher aussitôt après la rupture ;
12° Feux par rang.

Les mouvements précédents s'exécutent aux commandements ci-après qui leur correspondent numéro par numéro :

1° *À droite* ou *à gauche* = ALIGNEMENT.

(La file de droite ou de gauche est, avant le commandement, placée dans la direction qu'on veut donner à l'alignement.)

2° *Compagnie / division / peloton / section* { *à droite* ou *à gauche* ou *demi-tour à droite* ou *demi-tour à gauche* = (à) DROITE ou (à) GAUCHE.

3° *Soldats / sections* dans la cavalerie } *demi-tour à droite* ou *à gauche* = (à) DROITE ou (à) GAUCHE.

4° *Compagnie / division / peloton / section* { *en avant* = *guide à droite* ou *à gauche* = *à telle allure* = MARCHE.

(Le guide est commandé indifféremment à droite ou à gauche; on peut ne pas le commander, alors de règle il est à droite; si l'allure n'est pas indiquée, on prend le pas.)

5° *Campagnie / division / peloton / section* { *à droite* ou *à gauche* ou *demi-tour à droite* ou *demi-tour à gauche* = MARCHE.

Compagnie / division / peloton / section { *à gauche* ou *à droite* ou *demi-tour à gauche* ou *demi-tour à droite* = MARCHE.

(Le guide se prend pendant la conversion du côté du pivot et revient ensuite où il était précédemment. Pour rétrograder on peut commander simplement : *Soldats* ou *sections* dans la cavalerie *demi-tour à droite* ou *à gauche* = MARCHE.

6° *Oblique à droite* ou *à gauche* = MARCHE = *en* = AVANT.

(Le guide se prend du côté vers lequel on oblique et revient ensuite où il était précédemment, dès qu'on cesse d'obliquer.)

7° *Tournez à droite* ou *à gauche = en = AVANT.*

8° *A telle allure =* MARCHE.

9° *Compagnie* ou *division* ou *peloton* ou *section =* HALTE.

(On peut quelquefois commander HALTE sans faire précéder ce commande-ment de l'indication de la troupe à laquelle on s'adresse.)

10°
Divisions
Pelotons
Sections
Soldats
} *à droite* ou *à gauche =* (à) DROITE ou (à) GAUCHE.

(En thèse générale, une troupe ne doit se former en colonne que pour gagner un autre emplacement : donc ce ne sera que très-rarement qu'on aura à faire usage des commandements précédents.)

11°
Divisions
Pelotons
Sections
Soldats
} *à droite* ou *à gauche =* MARCHE.

(Le guide se prend sans indication du côté vers lequel on a conversé. S'il s'agit de changer de direction aussitôt que la troupe achève de se former en colonne, le chef ajuste à son premier commandement cette seconde partie : *Tête de colonne à droite* ou *demi à droite* ou *demi-tour à droite* ou *demi-tour à gauche.*)

12° *Feu par rang =* 2ᵉ *rang, apprêtez armes = joue =* FEU. *=* 1ᵉʳ *rang armes = joue =* FEU.

(On fait tirer les deux rangs alternativement.)

ÉCOLE DE LA COMPAGNIE

OU DE TOUTE SUBDIVISION PLUS PETITE FORMÉE EN COLONNE.

Moyens de diriger une colonne. — Une colonne est essentiellement for-mée dans un but de mouvement : pour qu'elle puisse se diriger correcte-ment, il lui faut un guide, que nous appellerons *principal*, muni d'un fanion visible de loin, qui décrive la ligne à parcourir par les guides des subdivisions[1]. ceux-ci passeront successivement dans ses traces, chacun d'eux se réglant sur le précédent. Le guide principal aura pour rôle tantôt de tendre vers un point qui lui sera préalablement indiqué, et tantôt de marquer un certain intervalle déterminé entre une troupe et sa voisine; dans les deux cas, il devra choisir son terrain, de manière à faire éviter les mauvais pas à la colonne qu'il précède, quand il n'en résultera pas pour elle de trop grands détours. Le guide de la subdivision tête de colonne sera astreint à conserver une distance constante de lui au guide principal, lorsque ce dernier, au lieu d'être chargé de la direction générale, n'aura qu'un intervalle à observer. Si les circonstances exigent que le guide principal soit très-éloigné du guide de la subdivision tête de colonne, on placera entre eux un guide intermédiaire, ou même plusieurs guides intermédiaires se suivant à des distances convenues. La figure 38 montre plusieurs colonnes se dirigeant d'après l'une d'elles :

Le guide principal A, est chargé de la direction générale; chacun des

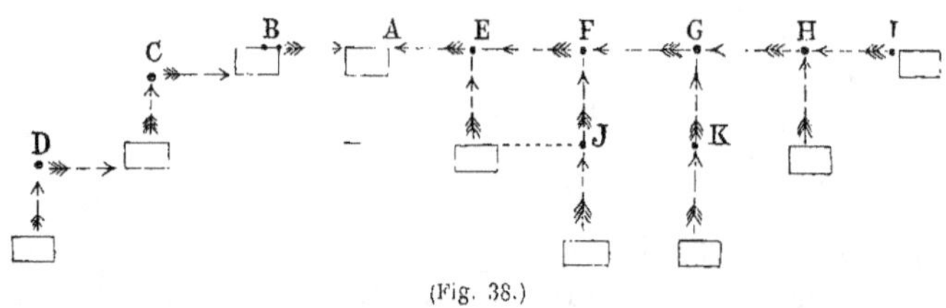

(Fig. 38.)

guides principaux B, C, D, E, F, G, H, I, n'est astreint qu'à conserver un certain intervalle entre lui et la troupe voisine ou le guide principal voisin; J et K sont des guides intermédiaires. Le guide de chaque subdivision tête de colonne est assujetti à se tenir à une distance fixe du guide principal qui qui le précède.

Mouvements qu'il peut être utile de faire exécuter à une compagnie ou à toute troupe plus petite formée en colonne. — Les mouvements utiles que peut avoir à exécuter à la guerre une compagnie ou troupe plus petite formée en colonne, sont les suivants :

1° Aligner la colonne;

2° La colonne étant arrêtée, la faire changer de direction par le flanc, face à droite ou face à gauche;

---

1. Le guide d'une subdivision est le chef de la file de droite ou de gauche de cette subdivision. (*Théorie nouvelle*, — 2ᵉ édition.)

3° La colonne étant arrêtée, la porter en avant;

4° La colonne étant arrêtée ou en marche, lui faire gagner du terrain directement vers la droite, vers la gauche, en arrière, et reprendre la direction primitive;

5° La colonne étant arrêtée ou en marche, la faire obliquer et lui faire reprendre la direction primitive;

6° La colonne étant en marche, la faire changer de direction;

7° Changer d'allure;

8° La colonne étant en marche, changer le côté du guide;

9° Arrêter la colonne;

10° Serrer à demi-distance ou en masse sur la tête de la colonne;

11° Prendre demi-distance ou distance entière sur la dernière subdivision, ou par la tête de la colonne;

12° Diminuer le front de la colonne;

13° Augmenter le front de la colonne;

14° Former la colonne en bataille ou en ligne [1], face à droite ou face à gauche soit immédiatement, soit au delà seulement de la subdivision de tête;

15° Former la colonne en bataille ou en ligne face en avant;

16° Disposition contre la cavalerie;

17° Charge.

Les mouvements précédents s'exécutent aux commandements ci-après qui leur correspondent numéro pour numéro :

1° *Guides à vos chefs de file* == *à droite* ou *à gauche* == ALIGNEMENT.

(La subdivision tête de colonne s'aligne comme si elle était seule; chacune des autres s'aligne parallèlement à la précédente.)

2° *Changement de direction par le flanc gauche* ou *droit* == *soldats* ou *sections* dans la cavalerie *à gauche* ou *à droite* == *tête de colonne à droite* ou *à gauche* == MARCHE.

3° *Colonne en avant* == *guide à droite* ou *à gauche* == *à telle allure* == MARCHE.

(Si l'allure n'est pas commandée, on se met en marche au pas; si le guide n'est pas commandé, il se prend à droite.)

4° *Pelotons* ou *sections* ou *soldats* $\left\{ \begin{matrix} à \\ demi\text{-}tour\ à \end{matrix} \right\}$ *droite* ou *à gauche* == MARCHE.

---

1. Se former en ligne, c'est se former en bataille et continuer de marcher après la formation.

Pelotons ou *sections* ou *soldats* $\left\{ \begin{array}{c} à \\ \textit{demi-tour à} \end{array} \right\}$ *gauche* ou *à droite* = MARCHE.

5° *Oblique à droite* ou *à gauche* = MARCHE.

6° *Tête de colonne* $\left\{ \begin{array}{c} à \\ \textit{demi à} \\ \textit{demi-tour à} \end{array} \right\}$ *droite* ou *à gauche* = MARCHE.

(Chaque subdivision vient tourner sur le terrain sur lequel la précédente a tourné.)

7° *A telle allure* = MARCHE.

8° *Guide à droite* ou *à gauche*.

9° *Colonne* = HALTE.

(Le commandement *colonne* peut quelquefois être supprimé.)

10° *A demi-distance* ou *en masse serrez la colonne* = MARCHE.

11° *Sur la dernière subdivision* ou *par la tête de la colonne prenez les distances* = MARCHE.

12° *Soldats* ou *sections à gauche* ou *à droite* = *tête de colonne à droite* ou *à gauche* = MARCHE.

13° *Dans chaque section* ou *peloton*, ou *division* ou *compagnie oblique à gauche* ou *à droite et en avant en bataille* ou *en ligne* = MARCHE.

14° $\begin{array}{c} A \\ \textit{Sur la} \end{array} \left\{ \textit{droite ou} \right\} \begin{array}{c} à \\ \textit{sur la} \end{array} \left\{ \textit{gauche} \right\}$ *en bataille* ou *en ligne* = MARCHE.

15° *Oblique à droite* ou *à gauche et en avant en bataille* ou *en ligne* = MARCHE.

16° *Disposition contre la cavalerie* = *en masse serrez la colonne* = MARCHE = *face en dehors*.

(Pour reprendre l'ordre en colonne, on fait remettre face en tête les hommes qui ont fait face en dehors, et l'on ordonne ensuite de reprendre les distances.)

17° *Pour charger* = *à telle allure* = MARCHE = CHARGEZ.

(La colonne étant en marche, le chef fait précéder la charge de l'avertissement ci-dessus, et, s'il le juge convenable, commande ensuite une allure plus rapide.

Au commandement : *Chargez*, on dirige les armes contre l'ennemi en mettant toute l'énergie possible pour le culbuter.)

ÉCOLE DU SOLDAT.

Mouvements ou positions utiles au soldat. — Les mouvements et principes qu'il est utile d'apprendre au soldat sont les suivants, savoir :

1° Position du soldat sans armes ;

2° Alignement à droite ou à gauche ;

3° Faire face à droite ou à gauche ou en arrière et rester en place après le mouvement ;

4° Faire face demi à droite ou demi à gauche et rester en place après le mouvement ;

5° Marcher en avant aux différentes allures ;

6° Étant arrêté ou en marche gagner du terrain à droite ou à gauche, ou en arrière ;

7° Étant arrêté ou en marche, oblique à droite ou à gauche et reprendre la direction primitive ;

8° Changer d'allure ;

9° Arrêter.

Les mouvements précédents s'exécutent aux commandements ci-après qui leur correspondent numéro pour numéro :

2° *A droite* ou *à gauche* = ALIGNEMENT.

3° *Soldats* { *à* / *demi-tour à* } *droite* ou *gauche* = (à) DROITE ou (à) GAUCHE.

4° *Oblique à droite* ou *à gauche* = (à) DROITE ou (à) GAUCHE.

5° *Soldats en avant* = *à telle allure* = MARCHE.

(Si l'allure n'est pas commandée, on prend le pas).

6° *Soldats* { *à* / *demi-tour à* } *droite* ou *gauche*.

(On reprend la direction primitive en faisant tourner une seconde fois, mais du côté opposé au premier.)

7° *Oblique à droite* ou *à gauche* = MARCHE *en* = AVANT.

8° *A telle allure* = MARCHE.

9° *Soldats* = HALTE.

(On peut supprimer quelquefois le commandement : *Soldats.*)

———

MANIEMENT DU FUSIL A PIED.

Détail du maniement d'armes utiles à la guerre. — Nous allons détailler le maniement d'armes en ce qu'il a d'utile à la guerre.

Nous approuvons les principes anciens pour tout ce qu'ils ont de compatible avec le fusil à culasse mobile. Nous n'en indiquerons donc de nouveaux que pour la manière de charger, de faire sortir et rentrer la baïonnette :

1° Principes du port de l'arme (de chasseurs à pied);
2° Étant l'arme au pied porter l'arme;
3° Mettre l'arme au bras et revenir au port de l'arme;
4° Présenter l'arme et revenir au port de l'arme;
5° Descendre l'arme et revenir au port de l'arme;
6° Mettre l'arme sous le bras gauche et revenir au port de l'arme;
7° Mettre l'arme sur l'épaule droite et revenir au port de l'arme;
8° Charger l'arme et revenir au port de l'arme;

(Une seule charge en 8 temps, savoir :

1er temps. Abattre l'arme dans la main gauche;
2e — Lever le chien au bandé complet;
3e — Ouvrir la culasse;
4e — Saisir la cartouche;
5e — L'introduire dans la gouttière et l'enfoncer;
6e — Fermer la culasse;
7e — Abaisser le chien;
8e — Porter l'arme.)

9° Apprêter l'arme;
10° Mettre en joue;
11° Faire feu et recharger.

(Si le feu doit continuer on n'abaisse point le chien après avoir chargé [1], et au lieu de porter l'arme et de l'apprêter on met de suite en joue.)

12° Croiser la baïonnette et revenir au port de l'arme;

---

1. Le temps d'abaisser le chien est alors remplacé par un autre qui vient après le 3e, et qui consiste à retirer le tube de la cartouche qui vient d'être brûlée.

(Après avoir abattu l'arme dans la main gauche, on pousse la baïonnette dehors avec la main droite, et on reprend la position de croisez la baïonnette; — avant de porter l'arme on fait rentrer la baïonnette.)

13° Inspection de l'arme;

(On exécute les trois premiers temps de la charge et on présente l'arme, le fer en avant, la culasse à la hauteur du 3e bouton de l'habit, la main droite à la poignée, la main gauche au-dessus de la culasse; l'inspection des armes étant passée, on reprend la position du 3e temps de la charge et on exécute les 6e, 7e et 8e temps.)

14° Reposer sur l'arme;
15° Mettre l'arme au bras;
16° Reprendre l'arme;
17° Former les faisceaux.

Nous ne proposons aucuns changements dans les commandements réglementaires pour le maniement de l'arme, excepté pour la charge; ces changements résultent de la manière de charger, et sont faciles à imaginer; du reste, les voici :

1er temps. *Chargez* = (*l'*) ARME;
2e ARMEZ;
3e *Ouvrez* = (*la*) CULASSE;
4e *Prenez* = (*la*) CARTOUCHE;
5e *Cartouche* = (*dans le*) CANON;
6e *Fermez* = (*la*) CULASSE;
7e DÉSARMEZ;
8e *Portez* = (*l'*) ARME.

OBSERVATIONS

RELATIVES A LA HAUSSE ET AUX RÈGLES DU TIR.

La hausse est d'un usage lent, difficile, presque impossible à la guerre. — Le fusil devant jouer (nul ne le conteste) pour le succès des batailles, un rôle beaucoup plus grand que par le passé, il importe ex-

trêmement de former de bons tireurs. Nous dirons d'abord que l'usage
de la hausse est trop lent et trop difficile à la guerre; il ferait perdre une
partie des avantages du chargement par la culasse. La détermination de
la distance, et par suite du cran de mire convenable, est sujette à erreur,
et le temps qu'elle exige expose à laisser échapper le moment favorable
de tirer; en supposant d'ailleurs la ligne de mire exactement trouvée,
reste à la faire coïncider avec une autre ligne droite, celle qui va de l'œil
au but; en d'autres termes, il faut mettre quatre points, l'œil, l'encoche
de la hausse, le guidon et le but, sur la même ligne, ce qui, en pratique,
n'est pas aisé, surtout si, dans la circonstance dont nous nous occupons,
on exige l'appui du fusil contre l'épaule. En raison de certaines confor-
mations (cou trop long ou trop court), cette dernière condition rend impossible la coïncidence cherchée. Nous pensons donc qu'en campagne il
faut renoncer à employer la hausse avec le fusil.

**Il n'est pas absolument nécessaire d'appuyer le fusil à l'épaule pour
obtenir de bons résultats dans le tir.** — Il n'est pas absolument nécessaire de mettre le fusil à l'épaule pour obtenir de bons résultats dans le
tir. A l'appui de ce que nous avançons, nous ferons remarquer qu'il est à
peu près prouvé que la résistance au recul augmente les écarts de la balle,
et nous allons citer une relation historique qu'on n'est toutefois pas obligé
de croire, mais qui nous suggérera des preuves incontestables. La relation est tirée de l'ouvrage du P. *Huc*, missionnaire apostolique, sur la
Chine (tome I, chapitre x, page 402); la voici:

« Les fusiliers et les archers s'exercèrent ensuite à tirer à la cible; leur
adresse fut remarquable. Les fusils chinois sont sans crosse; ils ont seulement une poignée comme les pistolets; lorsqu'on tire, on *n'appuie pas
l'arme* contre l'épaule; on tient le fusil du côté droit à hauteur de la
hanche, et avant de faire tomber sur l'amorce un crochet qui soutient une
mèche allumée, on se contente de bien fixer les yeux sur le but qu'on veut
frapper. Nous avons remarqué que cette manière de faire avait un grand
succès, ce qui prouverait peut-être que, pour bien tirer un coup de fusil,
il est moins nécessaire de viser avec le bout du canon *que de bien regarder
l'objet qu'on veut atteindre.* »

Ces derniers mots sont d'accord complétement avec des faits parfaitement
admis, et qui sont une preuve de la thèse dont il s'agit, laquelle peut se
produire sous cette nouvelle forme, savoir : qu'il n'est pas nécessaire de
prendre une ligne de mire pour atteindre un but, et qu'il suffit de le
regarder attentivement, avec une forte volonté de le toucher avec le projectile. Ainsi, la pierre qui tournoie dans une fronde, décrit et s'échappe à
un moment qu'indique seulement un instinct intérieur; ainsi le palet jeté
par une main qui se retire en arrière et revient en avant; ainsi le bout

d'un bâton qui décrit un cercle autour de l'épaule pour frapper sûrement un point suspendu dans l'espace. Dans ces différents exemples, la chose capitale est l'attention de celui qui opère, fortement concentrée sur le but; et on est conduit à supposer que, par une cause physiologique analogue à celle qui oblige un muscle à fléchir ou à s'étendre, la pierre, le palet, le bout de bâton, à travers l'appareil qui lui sert de communication avec le siége de la pensée, imprégne de la volonté magnétique de l'homme, et lui obéit tant que son impulsion n'est point victorieusement contrariée par la pesanteur, la résistance de l'air, l'insuffisance de la vitesse initiale, etc.

Cette théorie, d'une direction imprimée comme par une sorte de puissance magnétique à un projectile, semble confirmée, et par l'exemple des peuples sauvages habiles à lancer des flèches[1], et par l'habitude de certains chasseurs (les plus adroits) qui se contentent de regarder d'abord attentivement la pièce de gibier, de la suivre de l'œil dans ses mouvements, puis de porter le fusil à l'épaule, et immédiatement de presser la détente sans baisser la tête, sans prendre le temps de viser. Cette manière de tirer se trouve, du reste, conseillée dans le traité du fusil de chasse des armes de précision de *M. Mangeot*, arquebusier renommé de Bruxelles; nous donnons le passage suivant de son ouvrage :

« L'enfant de la superbe Albion *ne baisse jamais la tête, même devant le gibier* qui fuit en ligne droite. Au départ, il fixe la pièce, la tête haute, de manière à la suivre dans tous ses mouvements; lorsqu'il la juge à une distance telle qu'il puisse la tirer sans crainte d'être critiqué, il porte vivement la crosse de son fusil au défaut de l'épaule, tout en dirigeant l'*extrémité* du canon dans la direction du but, le coude un peu élevé pour conserver l'aplomb du fusil; et, *sans nul retard*, il presse le doigt sur la détente, de sorte que ces deux mouvements aient lieu simultanément[2]. »

Il résulte de tout ce qui précède, qu'il n'est pas absolument nécessaire de mettre la crosse à l'épaule ni de prendre une ligne de mire; qu'il importe d'avoir l'œil fixé sur l'objet au moment où l'on tire, et que, par conséquent, si l'on veut atteindre un ennemi placé assez loin pour être obligé de viser au-dessus de sa tête, si l'on ne se sert pas de hausse, dont l'usage est impraticable dans une bataille, il faut alors, au lieu de viser, placer la crosse à la hanche, et chercher empiriquement, à chaque distance, à incliner convenablement l'arme avant de faire feu.

---

1. Il y a quelques années, on faisait à Paris l'*exhibition* de plusieurs sauvages de l'Amérique du Sud, et de leurs exercices guerriers. Tous tiraient l'arc avec une rare précision, en le plaçant verticalement, la main qui lançait la flèche étant à la hanche, la tête restant haute, et l'œil regardant fixement le but.

2. Le chapitre duquel est extrait le passage cité ici a pour épigraphe ce distique :

L'expérience dit que la chasse est mieux faite
Lorsque le feu se trouve éloigné de la tête.

Il est une chose essentielle pour donner au tir toute la rectitude possible, c'est le soin dans la fabrication des platines, et à cet égard nous allons encore laisser parler *M. Mangeot.*

« La valeur française a bien souvent été trahie par le mauvais état de la platine des fusils dont les soldats étaient et sont encore armés. Le jeu en est sec, roide et dur ; de sorte que pour obtenir le départ du coup de feu, il faut une pression très-forte sur la détente, pression qui influe de la manière la plus déplorable sur la justesse du tir par la secousse qu'elle communique au bras, à l'épaule et à l'arme. »

Nous conseillons donc, comme l'un des meilleurs moyens d'avoir de bons tireurs, de donner aux soldats des fusils très-soignés dans toutes les parties de leur fabrication, et nous ajouterons que ce serait d'une économie fort mal entendue que de reculer devant la dépense qu'occasionnerait cette fabrication soignée : elle est désormais indispensable.

NOUVEAU SYSTÈME DE GUERRE.

Un système de guerre ne doit s'appuyer que sur un petit nombre de principes fixes. Nous proposerons les suivants, en nous bornant à des généralités, pensant que les détails ne sont pas susceptibles d'être décrits *a priori,* parce qu'ils varient énormément suivant les circonstances.

1° Se proposer un but tel que si on l'atteint, l'ennemi soit certainement forcé d'implorer la paix, et marcher droit à ce but ;

2° Porter la guerre dans un pays assez abondant en ressources pour qu'on puisse aisément entretenir les troupes de tout ce qui leur est nécessaire (quand il faut tirer de très-loin et à grands frais les approvisionnements d'une armée, on doit craindre de voir bientôt s'accroître les dépenses et la difficulté des transports au point d'être obligé de reculer) ;

3° Ne jamais tenter une expédition ou une pointe à moins d'avoir continuellement huit jours de vivres assurés ;

4° Avoir toujours des munitions pour trois batailles générales ;

5° N'engager une affaire qu'autant que la probabilité de vaincre est égale à 75/100 au moins ;

6° Être toujours assez bien gardé et éclairé pour avoir le temps de refuser un combat jusqu'à ce qu'on ait fait ses préparatifs et jusqu'à ce qu'on ait gagné une position favorable ;

7° Ne jamais faire un détachement, si ce détachement peut rencontrer des forces qui lui soient supérieures, ou si son départ peut être une cause d'infériorité pour les troupes restantes ;

8° Ne jamais perdre son temps, ses soldats et son matériel à faire un siége en règle (une place coûte plus à prendre qu'elle ne vaut, et ce qu'elle renferme se consomme pendant qu'elle se défend ; si elle est très-gênante et si on peut l'atteindre de loin avec de gros projectiles creux et des fusées incendiaires, il faut tenter de la détruire par ces moyens ; si l'on a absolument besoin d'un lieu fortifié, on aura généralement plus tôt et plus économiquement fait de le construire avec remparts de terre que d'en enlever un à l'ennemi)[1] ;

9° Maintenir un pays ou une ville dans l'obéissance par une force imposante concentrée en un seul point (d'où elle puisse se précipiter pour infliger, en cas de besoin, une pression exemplaire), et non point, par la multiplicité des garnisons et des postes, qui sont toujours nécessairement faibles partout.

---

1. S'il ne faut plus faire de siéges, on ne doit plus construire de places fortes, si ce n'est dans des positions toutes particulières, comme sur l'unique passage d'une longue étendue de frontières, etc.

La guerre actuelle de la Lombardie prouve l'inutilité des places fortes : les Autrichiens ont abandonné la plupart des leurs et c'est certainement le parti le plus sage qu'ils avaient à prendre.

TABLE DES MATIÈRES.

FIN DE LA TABLE DES MATIÈRES.

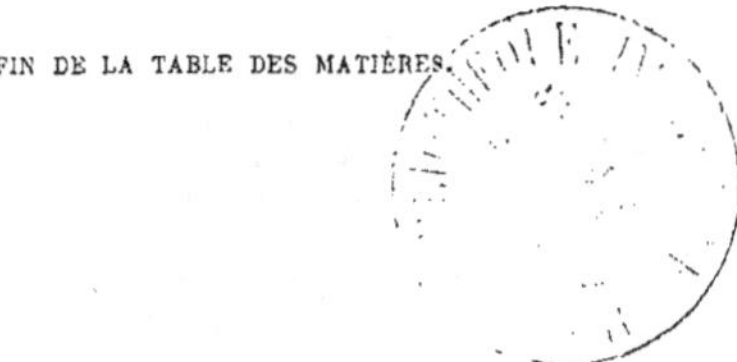

Imprimerie de Ch. Lahure et Cⁱᵉ, rues de Fleurus, 9, et de l'Ouest, 21.